非破壊試験を用いた土木コンクリート構造物の健全度診断マニュアル

編著
独立行政法人 土木研究所
日本構造物診断技術協会
Public Works Research Institute
Nippon Structural Inspection and Technology Association

発刊によせて

　コンクリート構造物は，安全性や経済性に優れており，住宅・社会資本としてさまざまなかたちで利用されています。土木用コンクリート構造物としては，橋梁・カルバート類・擁壁・トンネル等があり，そのストック量は膨大なものになっています。

　コンクリート構造物は，かつてメンテナンスフリーで半永久的に使用できるものと考えられてきました。しかし，コンクリート構造物の使用実績が増え，供用年数も伸びるにつれて，塩害・中性化・アルカリ骨材反応等のコンクリート構造物に特有の劣化現象があり，周辺環境や使用材料・設計方法によっては，比較的早期に劣化が生じる場合もあることが明らかになってきました。

　これらのコンクリート構造物の劣化現象に対し，現在，新しく建設される構造物では材料や設計上の配慮がなされており，大きな問題が生じることは少なくなっていますが，これまでに建設されてきた膨大な数の構造物では，将来，劣化が生じる可能性も残されています。特に，我が国の構造物の多くが戦後の高度成長期以降に集中的に建造されており，これらを効率的に維持管理していくことが，今後の重要な課題となっていくと予想されます。

　ところで，コンクリート構造物の調査方法としては，コンクリート表面に現れるひび割れ・錆汁・エフロレッセンス等の変状の観察（目視調査）が一般的に行われてきました。しかし，目視調査には，劣化原因によっては劣化がある程度進行するまでは発見できず対策が後手に回るおそれがあること，調査結果を定量的に記録することが難しいことなどの問題があります。これらの目視調査の欠点を補完するため

に，これまで種々の非破壊試験方法が検討されてきました。

　しかし，多くの非破壊試験には，電磁波や超音波等の一般の土木技術者にはなじみが薄い技術が用いられており，維持管理の担当者がこれらのすべてを理解して活用するのは困難です。一方で，もっぱら試験方法や試験機器の開発に携わる技術者は，土木構造物やコンクリートの特性等については，コンクリート技術者ほどには知悉していない場合が少なくありません。したがって，非破壊試験に関する研究は数多くなされているものの，これをコンクリート構造物の維持管理に適用する手法については確立されていないのが実情です。

　そこで，独立行政法人土木研究所(旧建設省土木研究所)と日本構造物診断技術協会は，非破壊試験を活用したコンクリート構造物の標準的な点検・調査方法を示すべく，『コンクリート構造物の非破壊検査マニュアル』(1994年，共同研究報告書 第106号)や『コンクリート構造物の健全度診断マニュアル(案)』(1998年，共同研究報告書 第195号)を作成し，技術の普及に取り組んできました。

　これらの成果をもとに，独立行政法人土木研究所と日本構造物診断技術協会が平成13年度から平成14年度までの間，共同研究を行い，維持管理の現場における利便性を考慮し，さらに非破壊試験に関する最新の知見を盛り込んで，1998年版の健全度診断マニュアル(案)を改訂しました。そして現場で広く活用していただけるレベルに達したと判断し，一般販売の出版物として発行することにいたしました。本マニュアルが，コンクリート構造物の維持管理の現場で少しでもお役に立つことを期待します。

平成15年9月

独立行政法人 土木研究所
理事長　坂本　忠彦

発刊にあたって

　このたび，独立行政法人　土木研究所(旧建設省　土木研究所)と日本構造物診断技術協会は，これまで 10 年以上にわたり共同研究を重ねてまいりましたコンクリート構造物の非破壊検査を用いた検査マニュアルや，これらをもとにしたコンクリート構造物の健全度診断マニュアルの研究成果を，現場で広く活用していただけることを願って一般販売の参考本として発行することになりました。

　日本構造物診断技術協会は，15 年余の長きにわたる活動の中で，旧建設省　土木研究所とこの分野の技術開発と実用化，さらに同研究所との共同研究報告書をシリーズで作成してまいりましたが，会員各社の専門技術者が実践と研究活動を重ねながら非破壊検査法の精度を高める努力を土木研究所と一体となって重ねてまいりました。

　一方で科学的手法である非破壊検査を現場で応用する場合のガイドブック的なマニュアルとともに，構造物の管理者とこれに対応する技術者から，健全度をどのように現場で行うかなどの問題解決についての要望がこれまで多く寄せられてまいりました。

　このたび，独立行政法人　土木研究所のご英断と何回にもわたる原稿校正などのご努力を経て，本マニュアルが発刊される運びとなりました。ますます増大するこの分野の社会的ニーズに応えるため。コンクリート構造物の維持管理リニューアルの現場でお役に立つことを期待しています。

平成 15 年 9 月

　　　　　　　　　　　　　　　　　　　　　　　　日本構造物診断技術協会
　　　　　　　　　　　　　　　　　　　　　　　　　会　　長　森元　峯夫
　　　　　　　　　　　　　　　　　　　　　　　　　工学博士

序

　本マニュアルは，既存コンクリート構造物の維持管理現場で非破壊試験を活用した健全度診断を行う方法を示したもので，平成10年に作成した『コンクリート構造物の健全度診断技術に関する共同研究報告書—コンクリート構造物の健全度診断マニュアル(案)』(土木研究所，日本構造物診断技術協会，1998.3)を実務者にとって使いやすいものとすべく改訂したものです．本マニュアルには，次の特長があります．

1. 一般的な調査方法に限定した

　コンクリート構造物の健全度や使用されている材料の品質を評価する指標は多岐にわたっており，そのそれぞれについて種々の調査・試験方法が提案されています．例えば，2002年の土木学会年次大会講演会では，非破壊検査・診断というセッションだけで60編もの講演がなされています．したがって，コンクリート構造物の調査方法や非破壊試験方法について，そのすべてを"網羅する"ことは大変困難です．

　一方で，コンクリート構造物の維持管理の現場では，これまでの調査や健全度診断の経験から，"定番"ともいえる調査項目・調査方法が定まりつつあります．本マニュアルは，実務上の利便性や調査・診断の経済性を考慮し，これらの定番的な調査項目・調査方法に限ってその内容をご紹介しています．

2. 評価方法や精度，調査の留意点を記載した

　非破壊試験等の一部の調査方法については，調査結果の評価方法が確立されていないものもあります．また，簡易な調査方法の一部は調査結果の精度が明確でなく，調査結果を評価することが難しい場合があります．

本マニュアルでは，土木研究所や日本構造物診断技術協会の研究成果をもとに，調査の現場での利便性を考慮して，現状で妥当と考えられる評価方法を紹介しています。また，種々の調査結果の誤差や調査時の留意点についても，一部紹介しています。

3. 調査による構造物への影響が少なくなるように留意した

　各種の試験方法や調査方法を活用して構造物の状態を診断した結果は，構造物の将来の維持管理方法を検討していくために有用な情報を与えてくれますが，試験や調査のために数多くのコンクリートコア試料を採取することは好ましくありません。

　そこで本マニュアルの**II．定期点検**では，試料の採取方法を変えることで，調査による構造物への影響を軽減した調査方法を紹介しました。そして，定期点検で変状や劣化の兆候が見られた構造物に限定して，**III．詳細調査**を行うものとしました。また，**付属資料**には，限られた試料を用いて種々の試験を行う例を紹介しました。

本マニュアルの構成

コンクリート構造物の健全度診断は，人の健康診断にたとえられることが多々あります。私たちが定期的な健康診断を受け，必要に応じて治療を受けるように，コンクリート構造物の寿命を長く保つには，定期的な点検や必要に応じた補修を行わなければなりません。

そこで，以下に本マニュアルで説明した**II. 定期点検**や**III. 詳細調査**のイメージを人の健康診断になぞらえて，4つのトピックで説明します。

【人の健康管理】

＜毎年の健康診断＞
・問診
・血圧測定
・血液検査
↓ 異常の発見
＜再検査＞
・精密検査
↓ 病状の把握
　 治療方針の決定
＜入院・手術＞

【構造物の維持管理】

＜定期点検＞
・目視主体の外観調査
・非破壊試験
↓ 異常の発見
＜詳細調査＞
・破壊試験（も含む）
↓ 劣化原因の推定
　 補修の要否の判定
＜補修・補強＞

I. 総則
　維持管理の流れ，
　用語の説明等

II. 定期点検

III. 詳細調査

構造物の維持管理と本マニュアルの構成

1. 従来から行われてきた定期点検

従来型の目視による外観調査を主体とした定期点検は，問診を行って病状を診察することに似ています。この方法には，通常は調査に特殊な機器を必要とせず（対象に近づくために橋梁点検車や足場等が必要になる場合がありますが），比較的安価に多数の構造物を調査できるといった利点があります。一方，

① 外観に何らかの変状が出てからでないと劣化が明らかにならないという問題点があります。このため，劣化が明らかになった時点で"手遅れ"ということもないとはいいきれません。

② 行う人によって調査や健全度診断の結果が変わる場合があります。
定期点検は，構造物の状態を定期的に調査するものですが，調査した人によって結果（例えば，ひび割れ図）の詳細さが大きく異なっていると，調査結果の比較を行うことが困難です。

2. 定期点検における非破壊試験の役割

本マニュアルのⅡ．定期点検では，従来から行われてきた定期点検を行う際に非破壊試験を追加して行い，健全度診断の目安とする方法を示しています。目視による外観調査を問診とすると，本マニュアルで紹介した非破壊試験は，いわば血液検査に相当するものです。

非破壊試験を外観調査に追加して行うことで，

① 劣化が発生する前に，劣化の兆候を明らかにすることができます。外観調査で変状が生じていない場合でも，構造物が"健康"なのか，"病気ではないがやや不健康"なのか，段階をつけて評価することが可能です。

② 定量的な結果が得られる調査方法を実施することで，調査結果の比較が容易になります。その結果，過去の調査結果の記録から構造物の状態の変化を把握することが可能になり，近い将来に劣化が生じるかどうか，おおよその判定を行うことが可能になります。

③ 多数の構造物の調査結果が蓄積されることで，コンクリート構造物の劣化に関する研究が進み，各種の劣化要因とその影響がより明らかになることが期待されます。

3. 詳細調査

本マニュアルのⅢ. 詳細調査では，定期点検等で異常が見つかった構造物を詳細に調査する方法を示しています。構造物の定期点検を私たちが毎年受ける健康診断とすると，詳細調査は再検査や入院しての精密検査に相当するものです。

したがって詳細調査では，鉄筋をはつり出して腐食状況を確認するはつり調査方法等の構造物を部分的に破壊する試験方法も含まれています。詳細調査を行うことで，定期点検よりもより精度良く構造物の状態を把握でき，補修や補強の検討の際に必要なデータを得ることができます。しかし，健康な人に精密検査を行うのと同様，健全な構造物にむやみにコア採取や鉄筋のはつり出しを伴う詳細調査を適用することは望ましくありません。

4. マニュアルの限界

本マニュアルでは，実務での利便性を考慮し，定期点検結果から詳細調査を行うことの要否，詳細調査結果から補修の要否を判定する方法を具体的に示しています。しかし，決してこの判定結果を過信しないでください。

例えば，私たちが病院で精密検査を受けた場合でも，その検査結果から，自動的に一定の治療方針が定まることはありません。患者の年齢や体力，治療の有効性，治療費等を医師が総合的に考慮したうえで，患者自身の希望を入れて決定するのが普通です。これと同様に，構造物の将来の維持管理を計画する際にも，構造物の重要性や劣化の程度，今後の劣化の進行可能性，補修・補強の難易度や有効性，コスト等を総合的に勘案する必要があります。土木構造物の場合はこれに加えて，周辺環境，建設された時期や設計・施工の品質等が多岐にわたるという問題点があります。

したがって，本マニュアルの健全度診断で得られた評価は参考として，最終的には当該構造物を管理する技術者が維持管理の計画を立てる必要があります。

上記の理由から本マニュアルは，タイトルと比べ必ずしも十分な内容にはなっていないというご批判を受けるかもしれません。しかし，構造物診断の標準的な手順を示した資料として，ご活用いただければ幸いです。

調査を実施する方へ

既往の規準・マニュアル類には数多くの調査方法が紹介されていますが，得られ

る調査結果の信頼性や測定結果の精度については十分に説明されていない場合がほとんどです。また，論文等で報告される各種調査方法の測定事例も，精度良く測定された事例の紹介が多くなっています。このため，適切な測定ができない場合や測定の誤差に関する情報は，十分ではありません。

　本マニュアルでは，土木研究所と日本構造物診断技術協会の共同研究の検討結果や実構造物の調査結果をもとに，各調査項目・調査方法の留意点や精度についても可能な範囲で解説しました。また，本マニュアルのほかにも実構造物への適用結果等がありますので，是非参考にしてください。

調査を依頼される方へ

　コンクリート構造物の調査手法に求められる性質としては，調査結果が構造物の性能をよく示していること，調査の精度が良いこと，構造物に与える影響が少ないこと，簡易に実施できること，費用が少なくて済むこと，といったことが考えられます。しかし，実際にはこれらのすべてを満足する調査方法はありませんので，調査方法の選定に当たっては，各調査方法の得失を考慮し，点検・調査の目的に合致した方法を選定することが重要です。

　本マニュアルでは，多数の構造物の健全度を簡易に把握することを主目的とした"定期点検"の場面と，構造物の状態を詳細に精度良く把握することを目的とした"詳細調査"の場面を想定し，既存の調査方法の活用方法を提案しています。既往構造物の維持管理の場面で，本マニュアルを参考にしていただき，調査計画等を立てていただければ幸いです。

参　　考
　－個別の測定方法に関して－
・土木研究所，日本構造物診断技術協会：コンクリート構造物の鉄筋腐食診断技術に関する共同研究報告書－反発度法によるコンクリート品質評価－，共同研究報告書第287号，2003.3.
・土木研究所，日本構造物診断技術協会：コンクリート構造物の鉄筋腐食診断技術に関する共同研究報告書－電磁誘導法・電磁波反射法による鉄筋位置およびかぶりの測定－，共同研究報告書第288号，2003.3.

　－実構造物への適用に関して－
・土木研究所，日本構造物診断技術協会：コンクリート構造物の鉄筋腐食診断技術に関する共同研究報告書－実構造物に対する適用結果－，共同研究報告書第269号，2001.3.
・土木研究所：非破壊検査を用いたコンクリート構造物の健全度調査，土木研究所資料第3791号，2001.3.

目　次

I. 総　則　*1*

1. 適用範囲　*1*
2. 対象とする劣化　*2*
3. 健全度診断のフロー　*3*
   - 3.1　一　般　*3*
   - 3.2　定期点検　*3*
   - 3.3　詳細調査　*4*
   - 3.4　定期点検・詳細調査の実施フロー　*5*
4. 用語の説明　*7*
5. 点検・調査結果の記録と活用　*10*
   - 5.1　点検・調査結果の記録　*10*
   - 5.2　記録の保存　*11*
   - 5.3　記録の活用　*11*
   - 5.4　補修・補強に関する記録と保存　*12*

II. 定期点検　*15*

1. 一　般　*15*
2. 定期点検項目　*18*
   - 2.1　点検項目および点検間隔　*18*
   - 2.2　点検位置と点検数量　*21*
3. 健全度の総合評価　*24*
   - 3.1　定期点検の評価項目　*24*

3.2　各評価項目の評価方法　*27*
　　3.3　総合評価　*28*
4. 定期点検方法　*31*
　　4.1　コンクリート表面の変状　*31*
　　　4.1.1　調査方法の選定　*31*
　　　4.1.2　目視調査　*32*
　　　4.1.3　打音調査　*34*
　　　4.1.4　サーモグラフィー法による浮き・剥離箇所の調査　*37*
　　　4.1.5　超音波法によるひび割れ深さの調査　*38*
　　　4.1.6　その他の調査方法　*39*
　　4.2　鋼材の腐食状況　*41*
　　　4.2.1　測定方法　*41*
　　　4.2.2　判定方法　*42*
　　4.3　塩化物イオン　*44*
　　　4.3.1　試験方法　*44*
　　　4.3.2　判定方法　*48*
　　　4.3.3　予測方法　*49*
　　4.4　中性化深さ　*50*
　　　4.4.1　測定方法　*50*
　　　4.4.2　判定方法　*52*
　　　4.4.3　予測方法　*53*
　　4.5　鉄筋位置およびかぶり　*56*
　　　4.5.1　測定方法　*56*
　　　4.5.2　判定方法　*58*
　　4.6　コンクリートの品質　*58*
　　　4.6.1　対象とするコンクリートの品質　*58*
　　　4.6.2　反発度法によるコンクリート強度推定　*60*
　　　4.6.3　小径コアを用いた圧縮強度試験　*64*
　　　4.6.4　超音波伝搬速度　*66*

Ⅲ．詳細調査　*69*

　1. 詳細調査の概要　*69*

        1.1　一　　般　*69*
        1.2　調査箇所　*70*
2. 予備調査　*72*
        2.1　一　　般　*72*
        2.2　予備調査方法　*73*
        2.2.1　資料調査　*73*
        2.2.2　詳細目視調査　*75*
3. 劣化原因の推定　*80*
        3.1　推定方法　*80*
        3.2　劣化原因の特徴と推定　*81*
            3.2.1　塩　　害　*81*
            3.2.2　中　性　化　*82*
            3.2.3　アルカリ骨材反応　*83*
            3.2.4　凍　　害　*84*
            3.2.5　そ の 他　*85*
4. 劣化原因と詳細試験調査項目　*95*
        4.1　詳細試験調査項目の選定　*95*
        4.2　詳細試験調査方法　*97*
            4.2.1　はつり調査　*97*
            4.2.2　自然電位法による鋼材腐食状況の調査　*103*
            4.2.3　塩化物イオンの試験　*105*
            4.2.4　中性化深さの測定　*109*
            4.2.5　鉄筋位置およびかぶりの測定　*112*
            4.2.6　圧縮強度および静弾性係数の測定　*114*
            4.2.7　アルカリ骨材反応関連試験　*117*
            4.2.8　凍害関連試験　*122*
5. 健全度の総合評価　*124*
        5.1　詳細調査の評価項目　*124*
        5.2　構造物の現状に関する評価　*126*
        5.3　劣化原因ごとの劣化の程度に関する評価　*127*

5.4　総合評価　129

付属資料　133

付属資料-1　本マニュアルのポイント　137

付属資料-2　電磁誘導法・電磁波反射法によるコンクリート
　　　　　　構造物の鉄筋位置およびかぶり測定手順（案）　142

　1. 総　　則　142
　2. 構造物の概要調査　144
　3. 測定個所の選定・測定数量の設定　146
　4. 測定方法の選定　148
　5. 鉄筋位置およびかぶりの測定　150
　6. 結果の記録と保存　155
　付録　電磁誘導法および電磁波反射法の原理と特徴　161

付属資料-3　コンクリート中の鋼材の
　　　　　　自然電位測定方法に関する検討　166

　1. 実験の目的　166
　2. 試験条件　166
　3. 結果と考察　169
　4. まとめ　174

付属資料-4　鉄筋の腐食状態と
　　　　　　自然電位の敷居値について　175

　1. 供試体寸法と電位測定結果　175
　2. 自然電位測定結果　175
　3. 鉄筋腐食状況および
　　　コンクリート表面のひび割れ状態検査結果　178
　4. 腐食性評価と検証結果　179

付属資料-5　反発度法を用いた
　　　　　　コンクリート強度の推定について　182

　1. 測定装置の個体差について　182

2. 低反発度型アンビルについて　*183*
　　　 3. コンクリートの材齢について　*185*
　　　 4. 反発度と強度の関係　*187*
　付属資料-6　構造物の点検・調査実施例　*189*
　　　 1. 概　　要　*189*
　　　 2. 調査項目の概要　*190*
　　　 3. 調査結果の概要　*191*
　　　 4. 健全度診断の例　*195*
　付属資料-7　各種調査に必要な時間について　*200*
　付属資料-8　試料の採取が限られた場合の
　　　　　　　調査方法について　*201*

土木研究所共同研究「コンクリート構造物の
鉄筋腐食診断技術に関する共同研究」参加者名簿　*212*

索　　引　*215*

Ⅰ. 総　　則

1. 適用範囲

> 　本マニュアルは道路用鉄筋コンクリート構造物の維持管理を行う場合の定期点検，詳細調査，健全度の診断の標準的な実施方法について記述したものである。

解　説

　本マニュアルで示した試験方法等の多くは，構造物の種類等に関わらず，すべての鉄筋コンクリート構造物に適用できる。しかし，調査数量や調査結果の評価方法については，調査対象の構造物をある程度限定しなければ具体的な記述が困難となるため，橋梁等の道路用コンクリート構造物を念頭に置いて作成した。道路用コンクリート構造物以外の構造物でも，その設計や使用されているコンクリート等の特徴を考慮することで，本マニュアルの内容を準用できる。

I. 総　則

2. 対象とする劣化

> 本マニュアルは，鋼材腐食による劣化を主な対象とする。

解　説

　鉄筋コンクリート構造物に生じる劣化・損傷の原因は，非常に多岐にわたり，劣化原因に応じて構造物に生じる変状も異なるものとなる。本マニュアルでは，種々の劣化原因のうち，コンクリート中の鋼材腐食による劣化を主として想定し，記述した。これは，種々の劣化原因の中でも，コンクリート中の鋼材腐食が部材本体の耐荷性能に最も大きな影響を及ぼし，重大な損傷を引き起こす原因となるためである。

　しかし，詳細調査は，構造物の補修・補強対策の要否を判断するための資料を得ることを主眼としているので，劣化原因をできるだけ確実に把握するための参考になるよう，現時点でおおよその劣化機構が判明している劣化原因を取り上げて解説を加えた。このため，アルカリ骨材反応や凍結融解作用による劣化等の鉄筋の腐食に直接には関係しない劣化原因についても説明した。

　また，かぶりコンクリートの剥離は，構造物本体の耐荷性能には影響を生じないが，構造物周辺の第三者に重大な影響を及ぼす場合もあるので，これを定期点検に加えることとした。

3. 健全度診断のフロー

3.1 一　般

> 本マニュアルでは，コンクリート構造物の変状の有無に関わらず定期的に実施する定期点検，および変状が認められた後に実施する詳細調査について，その標準的な方法を記述する。

解　説

コンクリート構造物の点検の種類としては，通常点検，定期点検，異常時点検，追跡調査，詳細調査等に分類できる[1]。本マニュアルでは，このうち定期点検および詳細調査について言及することとした。

3.2 定期点検

> 定期点検は，コンクリート構造物の変状の有無に関わらず定期的に実施する。定期点検は，点検時点での構造物の健全度を把握し，詳細調査の要否を判断するための資料を得るために行う。

解　説

定期点検は，構造物の機能の保全を図るとともに，構造物の健全度を把握するために定期的に実施される。定期点検の結果を踏まえて詳細調査の必要性を判断する。定期点検においてでも，数多くの項目について試験調査を実施することは可能ではあるが，いたずらに調査項目を増やしても調査にかかる労力が増大するのみであり，それに見合うだけの成果を得られるとは限らない。したがって，定期点検において実施する試験・調査内容は，試験調査の容易さや調査結果の有効性等を勘案して絞り込む必要がある。また，定期点検を実施した結果をデータとして残すとともに，劣化予測も併せて実施することにより計画的な維持管理を行うことが望ましい。

I. 総　則

3.3 詳細調査

> 詳細調査は，定期点検等で構造物に一定レベル以上の変状が認められた際に実施する。詳細調査は，構造物の劣化原因を特定するとともに，補修の要否を判断するための資料を得るために行う。

解　説

　定期点検で変状や劣化の兆候が認められた構造物をそのまま放置した場合，劣化の進行のため，急激に耐久性が低下するおそれがある。このような急速な劣化を防ぐためには，劣化の初期に適切な補修を実施して耐久性の低下を防止することが有効である。しかし，補修を行うためのコスト等も考慮すると，定期点検で変状や劣化の兆候が認められた構造物のすべてについて補修を実施することが適切であるとは限らない。

　定期点検の結果をもとに補修要否の判断を直接行うことができればよいが，一般には，定期点検で実施できる調査項目は限られているため，定期点検のみで補修要否の判断あるいは補修規模の決定まで可能となる場合はまれであろう。したがって，補修要否の判断材料を得るためには，定期点検に含まれていない試験項目を追加したり，局所的な破壊試験を実施したりして，構造物の状況をより正確に把握する必要がある。また，補修の実施に当たって劣化原因を特定することも重要である。

　この際に行われる調査が詳細調査である。

3.4 定期点検・詳細調査の実施フロー

定期点検および詳細調査は，**図-3.1**のフローに従って行うこととする。

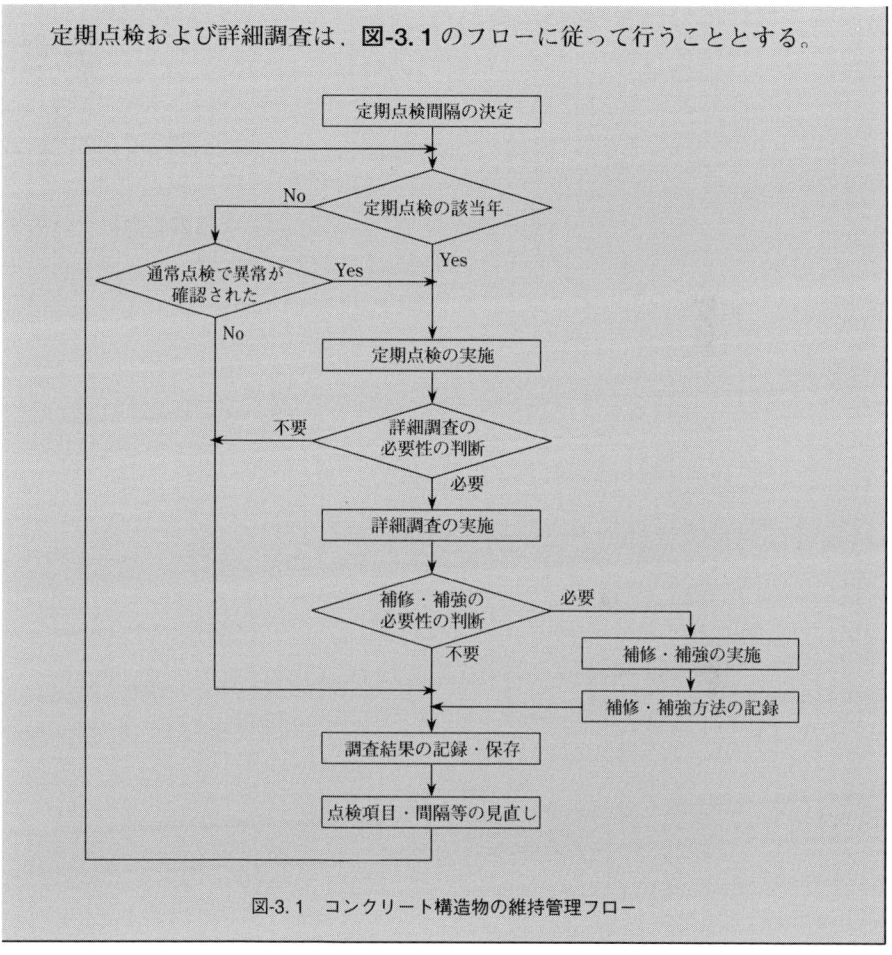

図-3.1 コンクリート構造物の維持管理フロー

解　説

　図-3.1に示したフローは，標準的な定期点検・詳細調査の実施手順を示したものである。定期点検方法の実施要領についてはⅡ**.定期検査**，詳細調査の実施要領についてはⅢ**.詳細調査**に示している。

　コンクリート構造物の定期点検・詳細調査結果は，適切なフォーマットでこれを保存しておくことが望ましい。これは，その時点で行われた調査結果と以後に実施

I. 総　則

した調査結果を比較することにより，構造物の劣化の進行状況をより適切に把握することができるためである。

　図-3.1のフローでは，構造物の劣化予測を含めていないが，時系列的な定期点検結果を用いた劣化予測ができれば，予測結果に基づいて一層合理的な点検計画を立案することが可能となる。劣化予測を行うためには，構造物の劣化要因に応じた予測モデルを作成し，非破壊検査等の試験結果を用いて定量的に劣化の程度を表現する必要がある。劣化予測の方法については，まだ研究レベルにあると考えられたためここでは触れなかったが，定期点検データの蓄積があり，予測精度が十分期待される場合には，予測結果をもとに定期点検の実施間隔や方法などの見直しを図ってもよい。

4. 用語の説明

本マニュアルでは，次のように用語を定義する。

構造物の機能　　目的または要求に応じて構造物が果たす役割。

構造物の性能　　目的または要求に応じて構造物が発揮する能力。

変状　　損傷・劣化・その他の原因のためコンクリートの表面に見られる異常。

損傷　　短時間のうちに発生し，時間の経過によって進行しない部材や材料の性能低下。地震や衝突により生じたひび割れや剥離等。

劣化　　鋼材の腐食のように時間の経過に伴って進行する部材や材料の性能低下。

健全度　　構造物の機能や性能を満足する程度。

劣化度　　主に劣化により生じた部材の性能の低下程度。ただし，実構造物では，損傷と劣化を区別することが必ずしも容易ではないこと，損傷がその後の劣化の進行に影響を与えうることから，劣化状況と損傷状況を総合的に勘案して劣化度を判定するものとする。

破壊試験　　構造物の一部を破壊して，コンクリートの品質や鉄筋の状態等を調査する方法。ϕ 100 mm 程度のコア試料を採取して行う各種試験やはつり調査等が含まれる。

非破壊試験　　構造物に影響を与えないか，影響が少ない測定原理，測定装置，測定手法等によりコンクリートの品質や鉄筋の状態等を調査する方法。本マニュアルでは，部分的に軽微な損傷を与える小径コアを用いた各種試験やドリル削孔粉を用いた各種試験等も含める。

維持管理　　構造物の供用期間において，構造物の性能を要求された水準以上に保持するためのすべての技術行為。

予防維持管理　　構造物の性能低下を引き起こさないことを目的として実施する維持管理。劣化が顕在化する以前から点検を行い，劣化が顕在化することがないよう適切な対策を講じる維持管理方法。

I. 総　則

事後維持管理　構造物の性能低下の程度に対応して実施する維持管理。劣化が顕在化したと判断された場合に，劣化に対応する適切な対策を講じる維持管理方法。

日常点検　日常の巡回で点検可能な箇所について実施される点検。

浮き　特に塗装や補修材料とコンクリート等の界面で，何らかの理由で隙間が生じている状態。

剥離　コンクリートと鉄筋の界面，塗装や補修材料とコンクリートの界面等で，何らかの理由で隙間が生じ，構造物の表面にまでひび割れ等が進展している状態。

剥落　剥離が進展し，コンクリートが剥がれ落ちること。

点検ハンマー　コンクリート表面の浮き箇所を探す打音調査に用いられるハンマー。

リバウンドハンマー　反発度法によるコンクリート強度推定に用いられる測定装置。

かぶり　鋼材あるいはシースの表面からコンクリート表面までの最短距離で計測したコンクリートの厚さ。

中性化残り　中性化深さの測定位置における中性化深さと鉄筋のかぶりとの差。

小径コア　ϕ20〜50 mm 程度の大きさのコンクリートコア（コアの径は，調査の目的や構造物により異なる）。

解　説

変状と**損傷**および**劣化**について

　構造物の完成後に生じる性能低下をその発生原因の性質によって損傷と劣化に区別した。しかし，実構造物の調査では，ジャンカ等の施工時に生じた欠陥（初期欠陥）や損傷・劣化・初期欠陥のいずれにも該当しない変化（コンクリート表面の汚れや RC 部材の曲げひび割れ等）が見られる場合も多く，これらをまとめて変状と呼ぶことにした。

非破壊試験と**破壊試験**について

　各種の試験が構造物に与える影響の程度は，**表解-4.1** のように整理できる。非破壊試験という用語が指す範囲は，文献によって必ずしも一致していない。本マニ

4. 用語の説明

表解-4.1 各種試験の構造物に与える影響による分類

区分	構造物に与える影響の程度	同一箇所での繰返し測定の可否	試験実施跡の補修	代表的な試験方法	本マニュアルにおける用語
A	構造物への影響はない。	可	不要	・電磁誘導法や電磁波法による鉄筋位置およびかぶりの測定。	非破壊試験
B	測定によりコンクリート表面がわずかに破壊される。	否	不要	・リバウンドハンマーを用いたコンクリート構造物の強度推定調査。	
C	Dと比較すると影響が小さいが，構造物の一部を破壊し，試料を採取する。	否	必要	・自然電位法による鉄筋の腐食状況の調査。 ・ドリル削孔粉を用いた塩化物イオンの試験。 ・小径コアを用いた圧縮強度試験。	
D	ϕ 100 mm 程度のコア試料採取かそれ以上の破壊を伴う。			・ϕ 100 mm のコアを用いた各種試験。 ・はつり調査。	破壊試験

＊ 他の文献等では，構造物に与える影響の程度をより明確にするため，区分Aに含まれる試験方法に限って非破壊試験と呼ぶ場合がある。また，区分B，C等に含まれる試験方法を微破壊試験，局部破壊試験と呼ぶ場合がある。

ュアルの中では，構造物に与える影響の程度を厳密に分類する必要がないと判断し，詳細調査で広く行われている ϕ 100 mm のコンクリートコアを用いた各種試験よりも影響が小さいと考えられる試験方法全般を非破壊試験とした。

浮きと剥離について

本マニュアルの中では，**図解-4.1** のように区別した。

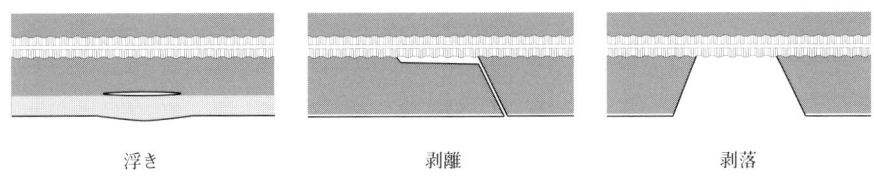

図解-4.1 浮きと剥離・剥落のイメージ

点検用ハンマーとリバウンドハンマーについて

反発度法によるコンクリート強度推定に用いられる測定装置は，テストハンマー，またはシュミットハンマー（商品名）と呼ばれることが多い。一方で，コンクリート表面の浮き箇所を探すたたき試験に用いられるハンマーも，テストハンマーと呼ば

I. 総　　則

れることがある。
　そこで，これらを区別するために，本マニュアルでは，反発度法で使用する装置はリバウンドハンマー（英文の規準類では一般に rebound hammer と表記される），たたき試験に用いるハンマーは点検ハンマーと，用語を使い分けた。

5. 点検・調査結果の記録と活用

5.1 点検・調査結果の記録

定期点検・詳細調査の結果は，適切な方法で記録しなければならない。

解　説

　定期点検や詳細調査時に得られた結果は，健全度診断のための基礎資料となるばかりでなく，以降に実施する定期点検・詳細調査・補修・補強の際の参考資料としても重要な意味を持つものである。このため，実施した点検・調査の結果は，点検時あるいは調査時に選定された項目について不足のないように適切な方法で記録しておく必要がある。

　土木学会の『コンクリート標準示方書』[維持管理編]では，点検時の標準的な記録項目(内容)として，点検の種類(日常点検，定期点検，詳細点検等)，時期(点検の日時)，位置(点検対象構造物，点検部材，点検の詳細な位置)，項目(点検実施項目)，方法(点検項目ごとの方法)および結果(点検実施項目ごとの結果，各種試験結果)を挙げている[2]。これを参考にして，点検時あるいは調査時に選定された項目以外の項目についても，適切な方法で記録しておくことが重要である。

　なお，記録する項目によっては，テキスト情報ではなく，画像や映像等の情報である場合があるが，これらの内容についても，詳細調査の基礎資料や以降の定期点検の参考資料として利用しやすいように記録しておくことが望ましい。今日では，電子情報によって点検結果を記録し，活用する事例が増加しており，写真やビデオ等の映像による記録の可能性も考えられる。しかしながら，点検結果を電子情報として記録する場合には，記録媒体の旧式化，あるいは劣化等による消去や改変がないよう十分に注意する必要がある。

　なお，記録する点検・調査項目の選定について参考になる資料として土木学会のデータベースフォーマットがある[3]。この資料では，コンクリートの耐久性に関するいまだに研究段階の詳細な内容に関するものまでデータベース項目，すなわち記録すべき内容として取り上げている。したがって，必ずしも点検・調査時の実施項目と合致せず，現状では不要と判断されるものも含まれている。しかしながら，こ

れらの項目は，今後，構造物の耐久性に関する有益な情報となる可能性があると判断された項目である。このため，記録として保存されるべき内容については，可能な限り詳細な項目まで保存しておくのがよい。

5.2 記録の保存

記録された結果は，構造物を供用している期間は保存しなければならない。

解　説

1回の点検によって得られる結果は，対象構造物の点検・調査時点での健全度を評価・判定する根拠として重要な意味を持つ。また，時期の異なる複数の点検・調査結果がある場合には，結果を相互比較することによって対象構造物のその期間における健全度の変化を把握することができ，構造物を維持管理するうえできわめて重要な意味を持つ。このような観点から，記録された点検・調査結果は，当該の構造物が供用されている期間は保存しておくことがきわめて重要であり，本マニュアルでは，記録の保存期間は原則として構造物の供用されている期間とした。

なお，構造物の点検・調査記録を供用後も続けて保存しておくことで，同様の構造物の点検・調査計画策定の目安あるいは同地点での建替えの際の設計・施工等に反映させることが可能となり得るので，状況に応じて保存期間を延長することが望ましい。

5.3 記録の活用

保存された点検・調査記録は，適切に活用しなければならない。

解　説

定期点検・詳細調査によって得られた結果の活用方法としては，対象構造物に関しては次回以降の定期点検時の調査箇所や数量選定の基礎資料としての利用や，より適切な維持管理を実現するために複数の点検記録を相互利用することなどが考えられる。さらに，他の構造物の維持管理に関する既往の事例として有効に活用することも可能である。これまでにも，既往の構造物の点検・調査記録が保存されていたために，他の構造物の効率的な維持管理が達成された事例が少なくない。したがって，保存された点検・調査記録は，点検・調査対象となる構造物に対する維持管

理に有効に活用するだけでなく，必要に応じて他の構造物に対する維持管理においても適切に活用しなければならない。

5.4 補修・補強に関する記録と保存

> 構造物に補修・補強等が実施された場合には，これらについて適切な項目を適切な方法で記録し，構造物を供用している期間は保存しなければならない。

解　説

　供用期間中の構造物は，健全度診断の結果，要求性能を確保するための対策として補修あるいは補強される場合がある。補修，補強の履歴は，構造物の健全度を変化させるため，補修，補強後の構造物の点検・調査においてあらかじめ考慮されるべき重要な情報である。さらに，構造物が受けた補修，補強の履歴は，それ以降の点検時の調査箇所や数量を選定するための基礎資料にもなり得る。以上のことから，構造物に補修，補強の履歴がある場合には，定期点検や詳細調査の際にこれを記録し，その後の維持管理に反映させることが重要である。

　なお，補修，補強の履歴に関する記録は，対象構造物の維持管理に利用可能であるほか，同様の補修，補強を別の構造物に適用する場合の，期待される効果の程度を予測し得るという点でも有効に利用することができるため，適切な方法で保存することが重要である。

Ⅰ．総　　則

参考文献
1) 土木研究所橋梁研究室：橋梁点検要領（案），土木研究所資料，第 2651 号，p.3，1988.7.
2) 土木学会：2001 年制定コンクリート標準示方書［維持管理編］，pp.78-80，2001.1.
3) 土木学会：コンクリートの耐久性に関する研究の現状とデータベース構築のためのフォーマットの提案，コンクリートライブラリー No.109，2002.12.

II. 定期点検

1. 一　般

1) 定期点検は，定期的に実施する点検を通じて，構造物の変状や劣化の徴候を把握することを目的とする。
2) 定期点検で実施する点検項目は，目視調査ならびに非破壊試験を用いた調査から構成することを標準とする。
3) 定期点検の結果は，適切な方法で記録し，点検結果に基づいて客観的に健全度の評価を行うことを標準とする。
4) 健全度の評価結果に応じて，詳細調査の要否を判断することとする。
5) 点検結果に基づいて構造物の劣化予測を行うことが望ましい。

解　説

1), 2)について

　これまで定期点検では，目視調査が主に実施されており，道路橋の目視調査の実施要領や実施項目・構造物の損傷状況の判定基準等は，「橋梁点検要領(案)」[1]に詳しく述べられている。コンクリート構造物では，構造物に劣化が生じた場合，ひび割れや剥離・錆汁等の発生により顕在化するのが一般的であり，目視調査によって構造物の健全度を把握することもある程度は可能である。目視調査には特別な機器を必要としないため，容易に実施することが可能であり，構造物の定期点検の基本となるものである。しかし，目視調査は，外見に変状が現れるまでは劣化の進行を

Ⅱ．定期点検

把握できないことや，調査結果に客観性を持たせにくいこと，調査結果から将来の劣化予測を行うことが難しいことなどの欠点も有している。したがって，予防維持管理を必要とする構造物の場合，目視調査のみでは十分な対応がとれないと考えられる。

　一方，非破壊試験や破壊試験には，①構造物に生じている劣化を比較的軽微な段階から把握できること，②試験結果に個人差が生じにくいこと，③劣化の状況が定量的に表されるため，経時的な変化を調べることで将来予測を行うことも可能なこと，といった特長を有する種々の調査方法がある。これらを定期点検で目視調査に加えて実施し，得られたデータをうまく活用することによって，構造物の変状を比較的軽微な段階で発見したり，変状が生じる前に何らかの対策を行うことができ，コンクリート構造物の長期にわたる予防保全的な維持管理が可能となると考えられる。

　しかし，定期点検は継続的に繰返し実施するものであることから，①〜③の点で優れていたとしても，構造物に与える影響が比較的大きい破壊試験を行うことは望ましくない。これらの点を考慮して，本マニュアルでは，従来の目視調査に加え，簡易に実施可能でかつ構造物に与える損傷が少ない(影響を与えない)非破壊試験を活用した定期点検方法を提案することとした。

3)，4)について

　定期点検結果を記録し，蓄積することにより，構造物の健全度の経時変化を把握することができる。したがって，定期点検結果をデータとして確実に保存することがきわめて重要である。また，あらかじめ定められた判定基準に照らし合わせて，客観的に構造物の健全度を評価し，その結果から詳細調査の必要性を判断することとする。

5)について

　本マニュアルにおける定期点検では，実施の容易さや構造物に与える影響を考慮して，目視調査と比較的簡易に行える各種非破壊試験を中心に構成されている。したがって，定期点検で実施した非破壊試験の結果を用いても，十分な精度を持って構造物の劣化を予測することができないこともあり得る。しかし，将来にわたっての維持管理計画(定期点検の頻度や実施内容等)を策定し，限られた予算の中で効率的に維持管理を行っていくためには，点検結果を用いた劣化予測を行うことがきわめて有効である。

1. 一　般

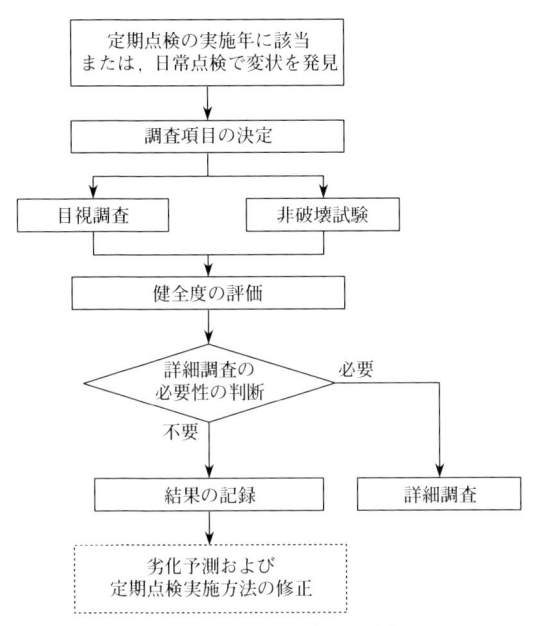

```
        ┌─────────────────────┐
        │ 定期点検の実施年に該当 │
        │ または，日常点検で変状を発見 │
        └──────────┬──────────┘
                   │
        ┌──────────▼──────────┐
        │    調査項目の決定    │
        └──────┬───────┬──────┘
               │       │
        ┌──────▼──┐ ┌──▼──────┐
        │ 目視調査 │ │ 非破壊試験 │
        └──────┬──┘ └──┬──────┘
               │       │
        ┌──────▼───────▼──────┐
        │    健全度の評価     │
        └──────────┬──────────┘
                   │
              ╱────▼────╲
             ╱ 詳細調査の ╲   必要
            ╱  必要性の判断 ╲─────┐
            ╲              ╱     │
             ╲────┬──────╱       │
               不要│              │
        ┌──────▼──────┐    ┌────▼─────┐
        │  結果の記録  │    │ 詳細調査 │
        └──────┬──────┘    └──────────┘
               │
        ┌┄┄┄┄┄▼┄┄┄┄┄┄┐
        ┊ 劣化予測および ┊
        ┊ 定期点検実施方法の修正 ┊
        └┄┄┄┄┄┄┄┄┄┄┄┄┘
```

注)　点線は必ずしも実施しなくてもよい項目

図解-1.1　定期点検の実施フロー

Ⅱ. 定期点検

2. 定期点検項目

2.1 点検項目および点検間隔

> 定期点検項目および点検の間隔については，構造物の重要度や周辺環境，従前の定期点検結果，調査を実施することにより得られる調査結果の有用性と調査による構造物への影響等を考慮して，適切に選定するものとする。

解 説

コンクリート構造物の劣化状況や劣化原因を特定するための非破壊試験には，多くの提案があり，そのすべてを実施することは事実上不可能である。よって定期点検では，

① コンクリート構造物の劣化状況や劣化原因を推定するうえで有用な情報が得られるかどうか，
② 調査方法としての実績があり，信頼性の高い情報が得られるかどうか，
③ 試料の採取等に伴う構造物に与える損傷の程度が小さいかどうか，
④ 調査する構造物の重要性や劣化が生じた場合の補修・補強等の容易さはどうか，
⑤ 従前の定期点検結果等で明らかになっている構造物の状態はどのようなものか，

などについて検討したうえで，調査を実施する項目を選定するものとした。

なお，上記①～③のような観点から定期点検として実施するとよいと考えられる点検項目を，**表解-2.1**に示す。

コンクリート構造物の劣化の進行速度は，劣化原因によって異なっているが，例えば塩害は，ある一定の潜伏期間の後に劣化が顕在化し，その後急速に進展する場合が多い。このような場合には，定期点検の間隔を小さく設定するほど劣化が軽微な段階で発見できる可能性が大きくなるので，劣化の早期発見という観点からは望ましい。ところが，定期点検の実施間隔を狭めすぎると，点検にかかる労力や費用は増大し，実行不可能な維持管理計画となりかねない。

そこで，予防維持管理と事後維持管理の構造物を想定し，構造物の周辺環境に応

2. 定期点検項目

表解-2.1 定期点検における点検項目

点検項目	点検方法	調査に伴う構造物への影響 (非破壊試験・破壊試験の区分[*1])
① コンクリート表面の変状	目視調査(変状全般)	影響なし(A)
	打音調査(浮き・剥離箇所)	
	超音波法(ひび割れ深さ)	
	サーモグラフィー法 (浮き・剥離箇所)	
② 鉄筋の腐食状態	自然電位法	鉄筋の一部をはつり出し(C) [*2]
③ 塩化物イオン	実験室での化学分析	コア採取またはドリル削孔(C, D)
	簡易塩分測定器法	
	フルオレセイン法	コア採取(C, D)
④ 中性化深さ	フェノールフタレイン法	コア採取またはドリル削孔,表面コンクリートのはつり等(C, D)
⑤ 鉄筋位置・かぶり	電磁誘導法	影響なし(A)
	電磁波反射法	
⑥ コンクリートの品質	反発度法	影響なし(B)
	小径コアの圧縮強度試験	小径コアの採取(C)

[*1] ( )内は, **I. 総則 表解-4.1**(p.9)を参照。
[*2] 測定装置と調査する鉄筋を接続する必要があるが,自然電位の測定そのものは構造物に影響を与えない。したがって,測定用の電極が設置されている場合等では,構造物に影響を与えることなく調査できる。

じて,標準的な点検項目と点検間隔を例示した(**表解-2.2, 2.3**)。これらは,実務上の実効性および補修調査結果を踏まえたうえでの標準的なものであり,構造物の重要度や周辺環境,過去に実施した調査結果なども参考にして総合的に判断し,点検項目や点検間隔を増減するとよい。

例えば,自然電位法を用いた鉄筋の腐食状態の調査を既存構造物に適用する場合には,調査のために鉄筋の一部をはつり出し測定装置と接続する必要が生じるので,その影響や労力を考慮すると,事後維持管理の場合には実施する必要性が低い。ただし,構造物に補修を施した際には,次回以降の定期点検に使用できる電極を新たに設置するなどして,その後は,構造物に影響を与えることなく調査できるようにすることができる。このような場合には,事後維持管理の場合でも,自然電位の測定を避ける特段の理由はない。

また,海からの飛来塩分や路面への凍結防止剤・融雪剤の散布等のため,構造物外部からの塩分の侵入が考えられる地域にある構造物については,塩化物イオンについての試験を行い分布を明らかにするのがよい。なお,フレッシュコンクリート中の塩化物イオン量に関する総量規制が導入された1986年より前に建設された構

Ⅱ. 定期点検

表解-2.2　定期点検間隔(予防維持管理の場合)

		供用中の構造物の点検間隔					
		補修履歴なし			補修後[*3]		
	周辺環境[*1]	厳しい	やや厳しい	普通	厳しい	やや厳しい	普通
点検項目	① コンクリート表面の変状	5年	10年	10年	5年	10年	10年
	② 鉄筋の腐食状態	10年	10年	10年	5年	10年	10年
	③ 塩化物イオン	10年	10年	10年	5年	10年	10年
	④ 中性化深さ	10年	10年	10年	5年	10年	10年
	⑤ 鉄筋位置・かぶり[*2]	10年	10年	10年	5年	10年	10年
	⑥ コンクリートの品質	—	—	—	—	—	—

[*1] 周辺環境については、**表解-2.4**を参照すること。
[*2] 二度目以降の調査では、過去の調査記録を確認することを標準とする。
[*3] ここでは、構造物に付属する装置(橋梁上部構造における伸縮装置等)の補修や、構造物の耐震性能向上のための補強等、コンクリート部材の劣化に起因しない補修・補強は含まない。
注) 構造物の竣工時に、①コンクリート表面の変状、⑤鉄筋位置・かぶり、⑥コンクリートの品質についての調査を行い、その後の定期点検時に健全度診断の参考とするのがよい。

表解-2.3　定期点検間隔(事後維持管理の場合)

		供用中の構造物の点検間隔					
		補修履歴なし			補修後[*3]		
	周辺環境	厳しい	やや厳しい	普通	厳しい	やや厳しい	普通
点検項目	① コンクリート表面の変状	10年	10年	10年	5年	10年	10年
	② 鉄筋の腐食状態	—	—	—	5年	10年	10年
	③ 塩化物イオン	10年	10年	—	5年	10年	—
	④ 中性化深さ	10年	10年	—	5年	10年	—
	⑤ 鉄筋位置・かぶり	10年	10年	10年	5年	10年	10年
	⑥ コンクリートの品質	—	—	—	—	—	—

表解-2.4　地域区分

周辺環境	地域	『道路橋示方書』における対策区分[*1]
厳しい	海からの飛来塩分の影響が大きいと考えられる地域、または融雪剤・凍結防止剤(塩化カルシウム、塩化ナトリウム)が年間で30日以上散布される地域[*2]。	SまたはⅠ
やや厳しい	上記以外で、海からの飛来塩分の影響があると考えられる地域、または融雪剤・凍結防止剤[*2](塩化カルシウム、塩化ナトリウム)が散布される地域。	ⅡまたはⅢ
普通	上記のいずれにもあてはまらない地域。	影響地域外

[*1] 『道路橋示方書・同解説　Ⅲコンクリート橋編』(平成14年版)の表-5.2.2「塩害の影響地域」での対策区分を指す[*2]。
[*2] ただし、融雪剤・凍結防止剤は、通常、路面に撒布されるので、構造物の種類や部位によってその影響を受けやすい箇所とそうでない箇所がある。

造物には，外部からの塩分の供給が考えにくい地域にある場合でも，コンクリート中に多量の塩分が含まれている可能性があるので，一度は塩化物イオンに関する調査を行って確認しておくとよい(**図解-2.1**)。

かぶりや鉄筋位置といった調査項目については，竣工後の構造物では変化することが考えにくいので，竣工検査時(あるいは，最初の定期点検時)に一度測定し，その後は，過去の調査記録から確認するのがよい。また，コンクリートの品質も，通常は，竣工後大きく変化するものではないため，定期的に試験を繰り返す必要はないが，広く実施されている点検項目なので，その実施方法を紹介した。

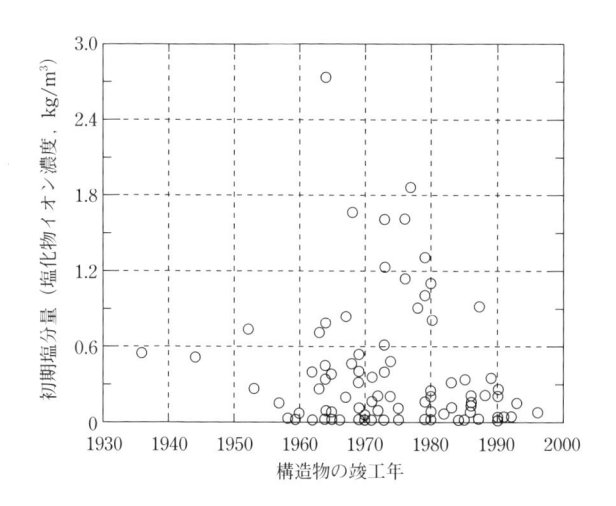

注) 152件の構造物(橋梁下部構造，擁壁，カルバート，河川構造物)で，コンクリート表面から 10 cm までの塩化物イオンの分布から初期塩分量を推定。

図解-2.1　実構造物における初期塩分量推定結果[3]

Ⅱ．定期点検

2.2　点検位置と点検数量

> 1) 定期点検を行う位置や数量は，構造物の重要度や周辺環境を考慮したうえで判断することとする。
> 2) 定期点検や詳細調査等の実績がある構造物については，既往の調査と同じ位置で定期点検を行うことを原則とする。

解　説

1)について

　定期点検では，構造物の劣化や劣化の兆候の有無について定期的に把握することが主目的であり，点検に要する時間および費用をむやみに増やす必要はなく，点検対象はその構造物を代表する最小限の範囲でよい。橋梁の場合の点検位置と点検数量の例を**図解-2.2**，**表解-2.5**に示す。

上部工(T桁の場合)

　T桁橋においては，耳桁の外側より内側の方が塩分が多い場合がある。これは外側の表面が雨水等により塩分が洗い流されることによる。

　サンプリング位置は，構造に影響を与えない箇所とする。ただし，構造物の環境によっては，環境条件がより厳しい箇所をサンプリング位置としてもよい。

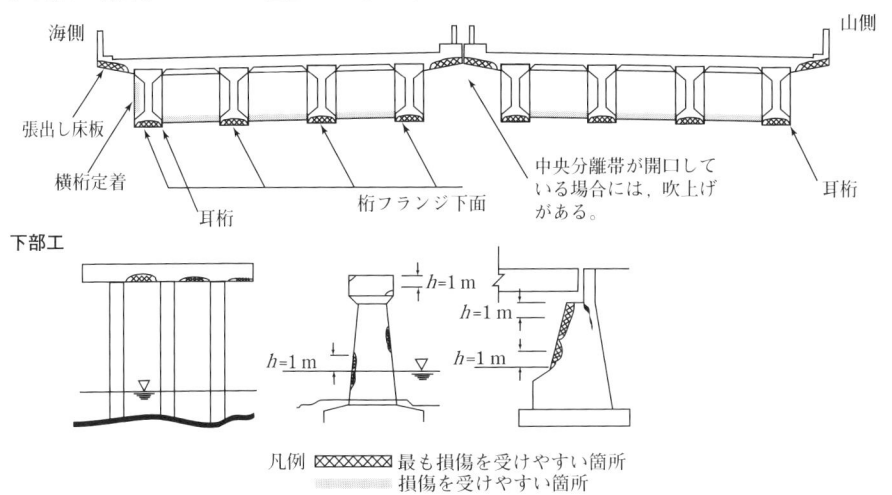

図解-2.2　橋梁の定期点検の対象部位（参考例）

表解-2.5　点検対象部材の点検位置と点検数量(参考例)

対象			点検位置	点検数量
部位	部材	記号*		
上部構造	主桁	Mc	耳桁(2本)の内側とする。各桁で2箇所(スパン1/4点)とする。	4箇所
	横桁	Cc	不要(ただし主桁での調査が不可能な時に,これに近い横桁の部位で代替する)。	(4箇所)
	床版	Dc	両端部およびスパン中央	3箇所
下部構造	橋脚	Pc	水面(地表面)から$h=1$m付近,橋座面から1m付近の側面とする。	4箇所
	橋台	Ac	水面(地表面)から$h=1$m付近,橋座面から1m付近の側面とする。	2箇所

* 記号は,『橋梁点検要領(案)』[1]のものである。
注) 所定の場所以外に最大ひび割れ幅のものがある場合には,その位置で調査を追加する。

2)について

定期点検では,構造物の状態を時系列的に把握し,記録しておくことが重要なので,既往の調査結果が残されている場合には,なるべく同じ調査箇所で調査を行うのがよい。このためにもコア採取等による試料採取は,最小限の数量にとどめるのがよい。

Ⅱ. 定期点検

3. 健全度の総合評価

3.1 定期点検の評価項目

1) 構造物の健全度は，劣化度によって判定することとする。
2) 目視調査および各種非破壊試験によって得られた点検結果から，**表-3.1**に示す4つの評価項目について劣化度を判定することを原則とする。
3) 劣化度は，**表-3.2**に示す5段階評価とする。

表-3.1　定期点検の評価項目

評価項目	説明
コンクリート表面の変状	目視調査や目視調査を補完する非破壊試験の結果から，かぶりコンクリート部分に鉄筋の腐食に起因するひび割れ等の変状が見られるかどうかを評価する。
鉄筋の自然電位	鉄筋の自然電位の測定結果から，鉄筋が腐食しているかどうかを評価する。
塩化物イオン濃度	鉄筋位置での塩化物イオン量から，多量の塩化物イオンの存在によって鉄筋が腐食しやすい状態になっているかどうかを評価する。
中性化残り	中性化深さと鉄筋のかぶりから，コンクリートの中性化のために鉄筋が腐食しやすい状態となっているかどうかを評価する。

表-3.2　劣化度と構造物の状況（定期点検）

劣化度	想定される状況
特	コンクリート中の鋼材は，腐食しており，かつ腐食の程度も著しいと考えられる状態。補修・補強を行うことも検討する必要がある段階。
高	コンクリート中の鋼材は，腐食していると考えてまず間違いない状態。早めに詳細調査の実施を検討する必要がある段階。
中	場合によっては，コンクリート中の鋼材の腐食が始まっている可能性もある状態。構造物の重要度や維持管理レベルによっては，詳細調査を実施することが望ましい段階。
低	コンクリート中の鋼材は，腐食していないと考えるのが妥当であるが，劣化因子の浸透等が見られ，今後の劣化の可能性について注意を要する状態。
無	コンクリート中の鋼材は，腐食していないと考えるのが妥当で，かつ今後すぐに劣化が始まることは考えにくい状態。当面は，通常の定期点検を主体とした管理で十分であると考えられる段階。

3. 健全度の総合評価

解　説

1)について

　種々の劣化のうちで構造物の機能に最も大きな影響を与えるのが鉄筋の腐食である。そこで，本マニュアルでは，特に鉄筋の腐食度および今後の腐食の可能性に着目して定期点検結果を評価するものとした。調査結果から推定される鉄筋の状態を示す用語について，従来は"損傷度"としていたが，本マニュアルから"劣化度"とした。これは，時間の経過に伴って鉄筋が腐食しやすい状態が形成され腐食が始まることを示す用語として，劣化の方がより適切であると考えたためである。

　なお，定期点検では，構造物の竣工直後から存在していたと推定されるひび割れやジャンカ等，初期欠陥と考えられるコンクリートの変状が発見されることもあると考えられる。このような変状についても，鉄筋の腐食までの期間等の構造物の耐久性に影響を与えかねないものであれば，劣化度の判定を行う際に考慮しなければならない。

2)について

　表-3.1に示した4つの評価項目のうち，"コンクリート表面の変状"は，従来から行われている目視調査やこれを補完する各種非破壊試験の結果を用いて評価を行う項目で，コンクリート中の鉄筋の腐食がある程度進んでいる時に，これを高い確度で明らかにすることができる。しかし，表面に変状が見られなかった場合，劣化が全く進行していないのか，鉄筋の腐食はすでに始まっているがかぶりコンクリートには変状が及んでいないのか不明である。したがって，この評価項目だけでは，今後の劣化の可能性については明らかにできないことから，他の評価項目についても実施を検討する必要がある。

　評価項目のうち"鉄筋の自然電位"，"鉄筋位置での塩化物イオン濃度"，"中性化残り"は，厳密には，コンクリート中の鉄筋が腐食しやすい状態かどうかを評価する項目である。しかし，既往の調査研究で得られた知見を総合すれば，鉄筋が腐食しているかどうかについてもおおよその判断が可能と考えられる。また，これらの評価項目についての評価結果を蓄積することで，将来的に鉄筋が腐食しやすい環境となりうるかどうかについてもおおよその判断を行うことができる。ただし，これらの評価を行うためには，試料採取等のため構造物を局所的に破壊する必要がある。そこで，定期点検では，構造物の重要度や周辺環境等を考慮して点検項目を選定するものとし[**2.1 点検項目および点検間隔**(p.18)]，点検結果から評価できる評価項

3)について

本マニュアルでは，目視調査や比較的簡易な非破壊試験を中心にした定期点検で構造物の劣化を早期に発見し，必要性が認められる場合に詳細調査を行って劣化の原因や補修の必要性を検討するものとしている。しかし，実際の定期点検では，目視調査等を行った結果，早期に補修を行う必要性のあることが明白になる場合もないとは言い切れない。このような場合には，早期に補修を行うという観点からⅢ．**詳細調査**に示した詳細調査を適用することが不合理な場合もあると考えられる。そこで，従来は4段階評価であった劣化度を本マニュアルから5段階で評価するものとし，目視調査を中心とした"コンクリート表面の変状"の評価の結果から早期に補修をする必要性が高いと判断される場合には，劣化度"特"と評価することにした。劣化度"特"と評価された場合には，Ⅲ．**詳細調査**の内容にとらわれず，補修・補強を行うことを前提として補修・補強工法の選定や設計に必要な調査を行うとよい。

参考までに**表-3.2**の劣化度と，2001年制定『コンクリート標準示方書』[維持管理編]における劣化過程の関係を**図解-3.1**に示す。ただし，劣化過程については，中性化維持管理標準[4]および塩害維持管理標準[5]の記述を参考にした。ただし，標準示方書でいう劣化過程は，劣化メカニズムごとに個別に定められており，鉄筋の腐食状態と劣化過程との関係は一定ではないので注意が必要である。

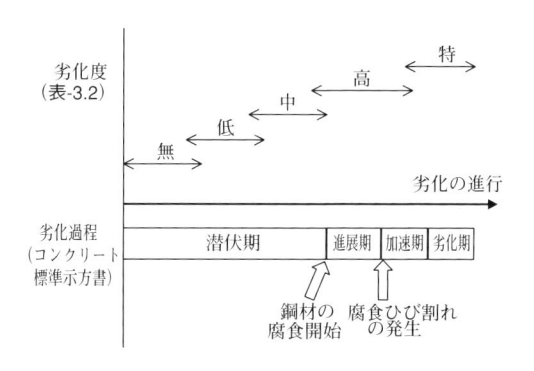

注) 図は，2001年制定『コンクリート標準示方書』[維持管理編]のうち，中性化維持管理標準および塩害維持管理標準を念頭に置いたものである。凍害維持管理標準や化学的侵食維持管理標準では，鋼材の腐食開始は加速期の開始に相当するなど，違いがあるので注意を要する。

図解-3.1 劣化度と『コンクリート標準示方書』における劣化過程の関係

3.2　各評価項目の評価方法

> 1) 目視調査の結果から得られた劣化度，およびこれを補完する非破壊試験等の結果から得られた劣化度のうち，最も劣化が進んでいるとされる結果をコンクリート表面の変状に関する評価結果とする。
> 2) 自然電位の測定結果から得られた劣化度を鉄筋の自然電位に関する評価結果とする。
> 3) 塩化物イオンに関する試験結果と鉄筋のかぶりの測定結果から，鉄筋近傍における全塩化物イオン量を調べ，その結果から鉄筋位置での塩化物イオン濃度に関する評価結果を求めるものとする。
> 4) 中性化深さの測定結果と鉄筋のかぶりの測定結果から中性化残りを算出し，その結果から中性化残りに関する評価結果を求めるものとする。

解　説

1)について

コンクリート表面の変状に関する調査方法としては，目視調査のほかに，打音による浮き箇所の調査，超音波法によるひび割れ深さの測定，サーモグラフィー法を用いた浮き箇所の調査等がある[**4.1 コンクリート表面の変状**(p.31)]。これらの調査をすべて実施し個々の調査結果に基づいて評価すると，同じ劣化度が得られるとは限らない。このような場合にコンクリート表面の変状についての総合的な評価をどのように定めるかは，判断に迷うところである。しかし，本マニュアルでは，安全側の判断を得ることを念頭に置いて，最も劣化が進んでいるとの評価を用いて評価結果を代表させてよいとするものである。

2)について

鉄筋が腐食しているかどうかを評価する場合は，**4.2 鋼材の腐食状況**(p.41)の自然電位法による自然電位の測定結果を用いて行う。

自然電位法は，通常，測定のために鉄筋の部分的なはつり出しを必要とするので，定期点検では実施されないことも十分考えられる。この場合には，鉄筋の自然電位に関する評価は行わないものとする。

3)について

塩化物イオンの影響で鉄筋が腐食しやすい状態にあるかどうか評価する場合は，

4.3 塩化物イオン(p.44)の判定方法を用いて行う。

構造物の周辺環境によっては，外来塩がなく，塩害が生じることが考えにくいため，塩化物イオンに関する試験が行われないことも十分考えられる。このような場合には，コンクリート中の塩化物イオン量を推定することは困難なので，塩害に関する評価は行わないものとする。

4)について

コンクリートの中性化の影響で鉄筋が腐食しやすい状態にあるかどうか評価する場合は，**4.4 中性化深さ**(p.50)の判定方法を用いて行う。

中性化深さの測定が行われていない場合には，コンクリートの中性化速度係数を適切に予測し，その結果を用いて中性化に関する評価を行うものとする。

3.3 総合評価

> 各評価項目の評価結果に基づき，詳細調査の実施の要否を総合的に判断するものとする。

解　説

各評価項目について評価を行った結果と，定期点検を行った構造物の重要性・周辺環境等を総合的に判断して，詳細調査の実施の要否および実施時期を定めることが望ましい。

定期点検の点検結果から詳細調査の要否を判断する際の判断例を，**図解-3.2〜3.4**に示す。図に示すように目視調査の結果等からコンクリート表面の変状に関する評価を行った結果，劣化度が"特"であった場合には，早期に補修・補強を行うことを検討することが望ましい。また，その際には，**Ⅲ．詳細調査**を参考に補修の実施に当たって必要な調査を実施するものとする。

なお，**図解-3.2〜3.4**のフロー図には，地域区分が「厳しい」，「やや厳しい」であるにもかかわらず，塩害に関する評価を行っていない場合も含まれている。これは，なるべく幅広い状況に対応できるようにフロー図を作成したもので，評価を行わないことを推奨しているわけではない。定期点検で実施する評価項目（とそれに対応した点検項目）は，**2.1 点検項目および点検間隔**(p.18)によって適切に定められなければならない。

3. 健全度の総合評価

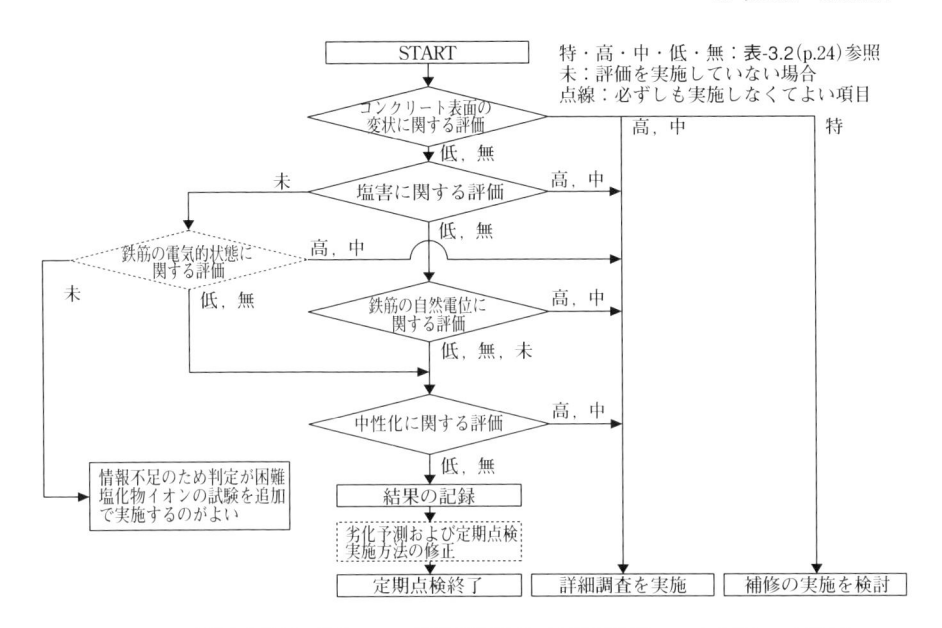

図解-3.2　定期点検結果の判定フロー（予防維持管理・地域区分厳しい，やや厳しいの場合）

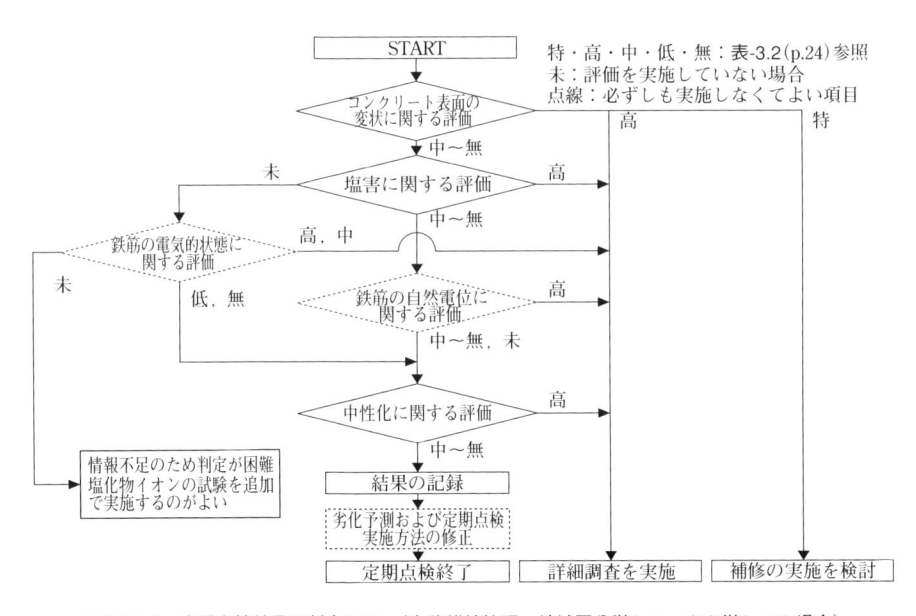

図解-3.3　定期点検結果の判定フロー（事後維持管理・地域区分厳しい，やや厳しいの場合）

Ⅱ. 定期点検

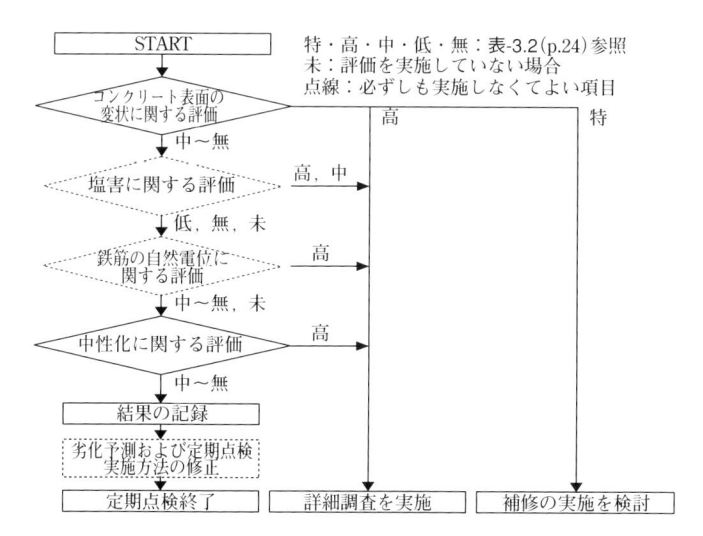

```
                ┌─────────┐        特・高・中・低・無：表-3.2(p.24)参照
                │  START  │        未：評価を実施していない場合
                └────┬────┘        点線：必ずしも実施しなくてよい項目
                     │
          ╱───────────────╲
         ╱  コンクリート表面の ╲ ─── 高 ─────────┐ ─── 特 ───┐
         ╲    変状に関する評価  ╱                 │            │
          ╲───────┬───────╱                    │            │
               中〜無                            │            │
                     │                          │            │
          ╱───────────────╲                     │            │
         ╱  塩害に関する評価  ╲ ─── 高, 中 ──────┤            │
          ╲───────┬───────╱                    │            │
             低, 無, 未                          │            │
                     │                          │            │
          ╱───────────────╲                     │            │
         ╱   鉄筋の自然電位に ╲ ─── 高 ─────────┤            │
         ╲     関する評価      ╱                 │            │
          ╲───────┬───────╱                    │            │
             中〜無, 未                          │            │
                     │                          │            │
          ╱───────────────╲                     │            │
         ╱  中性化に関する評価 ╲ ─── 高 ─────────┤            │
          ╲───────┬───────╱                    │            │
                中〜無                           │            │
                     │                          │            │
              ┌──────────┐                      │            │
              │ 結果の記録 │                     │            │
              └─────┬────┘                      │            │
         ┌──────────────────┐                   │            │
         │ 劣化予測および定期点検  │             │            │
         │   実施方法の修正     │                │            │
         └─────┬────────────┘                   │            │
      ┌──────────────┐  ┌──────────────┐  ┌──────────────┐
      │  定期点検終了  │  │ 詳細調査を実施 │  │ 補修の実施を検討 │
      └──────────────┘  └──────────────┘  └──────────────┘
```

図解-3.4　定期点検結果の判定フロー（事後維持管理・地域区分普通の場合）

4. 定期点検方法

4.1 コンクリート表面の変状

4.1.1 調査方法の選定

> 1) コンクリート表面に現れる変状の調査は，目視調査によることを原則とする。
> 2) コンクリート表面付近の浮き・剥離を調査する際には，打音調査，またはサーモグラフィー法による調査を行うとよい。
> 3) ひび割れ深さの調査を行う場合には，超音波法によるひび割れ深さの調査を行うとよい。

解　説

1)について

　コンクリート部材の鉄筋腐食による劣化が進行すると，コンクリート表面にひび割れや浮き箇所が生じたり，錆汁が滲出するなどの変状が顕在化する。目視調査は，コンクリート表面に顕在化した変状やコンクリート構造物全体の変形状況（不同沈下や傾斜等），構造物の周辺環境，供用状況等を観察や簡易な器具等を用いた測定等により把握する調査方法であり，コンクリート構造物を診断するうえで，最も重要な情報が得られる調査方法の一つである。目視調査は，比較的容易に，安価に実施することが可能で，構造物の定期点検の基本となる。

2)について

　コンクリート部材の変状には，外部から観察することが難しい場合がある。特に構造物が過去に補修されている場合には，コンクリート表面が塗装されており，そのためにコンクリートの変状を外部から観察することが難しくなっている場合も多い。このような場合には，塗装や補修材料の浮きやコンクリートの剥離の有無を打音調査やサーモグラフィー法による調査を実施するとよい。

　なお，打音調査には，浮きや剥離の範囲を正確に把握できたり，調査時に浮き・剥離箇所をたたき落とすことができるといった長所がある。一方，サーモグラフィー法は，遠距離から，短時間に，広範囲を調査できるといった長所を有している。

3)について

コンクリート表面に発生したひび割れの原因推定を行う場合や，コンクリート表面に見られるひび割れが貫通しているかどうか確認する必要がある場合には，超音波法によるひび割れ深さの調査を行うとよい。

4.1.2 目視調査
(1) 調査方法

> 1) 目視調査は，構造物の現況を把握することを目的として行うものとする。
> 2) 目視調査は，目視による観察，および簡易な点検機械・器具を用いた測定等により行うことを原則とする。
> 3) 目視調査では，①ひび割れのパターン・発生方向・本数，②ひび割れ幅，③ひび割れの長さ，④かぶりコンクリートの剥離・鉄筋の露出，⑤錆汁の滲出，⑥遊離石灰・エフロレッセンスの発生状況，⑦ジャンカ・スケーリング・ポップアウト等のコンクリート表面の変状，⑧沈下・傾斜・移動，について調査することを原則とする。

解 説
2)について

調査に当たっては，変状の位置や範囲，構造物の変形状況等を計測するスケール，ひび割れ幅を測定するためのクラックスケールやルーペ，変状を記録するためのカメラ，コンクリート表面の浮き・剥離を把握するための点検用ハンマー等を携行するものとする。

3)について

コンクリート表面の変状の中でも，特にひび割れは，発生位置や形態・発生時期から発生原因を推定できる場合が多く，コンクリート構造物の耐久性能や耐荷性能を評価する参考になる。そのため，コンクリート表面の目視調査においては，ひび割れの発生位置や形態を把握するとともに，ひび割れ幅や長さをクラックスケールやスケール等で計測して記録することが必要である。また，ひび割れが進行性であると考えられる場合には，コンタクトゲージ等による継続的なひび割れ調査を行うとよい。

目視調査で観察すべきコンクリート表面の損傷の種類と調査項目，調査方法の一例を**表解-4.1**に示す。実際には，これらの項目から各現場状況や目視方法の種類

に応じて適宜調査項目を定めるものとする。

表解-4.1 コンクリート表面に現れる変状の種類と調査項目・調査方法

調査項目		調査方法	
		遠望目視	近接目視
ひび割れ	ひび割れのパターン,発生方向,本数	目視,写真,ビデオ	目視,写真,ビデオ
	ひび割れ幅	目視,写真,ビデオ	写真,ビデオ,クラックスケール,計測顕微鏡
	ひび割れ幅の変動	各種変位計*	コンタクトゲージ,各種変位計
	ひび割れ部の段差	(調査は困難)	スケール
	ひび割れの長さ	目視,写真,ビデオ	写真,ビデオ,スケール
浮き,剥離		サーモグラフィー	点検ハンマー
剥落,鉄筋露出		目視,写真,ビデオ	目視,写真,ビデオ
錆汁		目視,写真,ビデオ	目視,写真,ビデオ
遊離石灰,エフロレッセンス		目視,写真,ビデオ	目視,写真,ビデオ
スケーリング,ポップアウト等		目視,写真,ビデオ	目視,写真,ビデオ
構造物の沈下,傾斜,移動等		目視,写真,ビデオ	目視,写真,ビデオ,スケール

* あらかじめひび割れ箇所に取り付けておくことが必要である。

(2) 判定方法

1) 目視調査による劣化度の判定は,点検の対象とした部材ごとに,変状の種類や程度,経時的な変化を総合的に勘案して行うものとする。
2) 目視調査による劣化度の判定は,**表-4.1**によることを原則とする。

表-4.1 目視調査による劣化度の判定

劣化度	目視調査で観察された変状
特	・かぶりコンクリートの剥落により鉄筋が露出し,露出箇所に断面欠損を伴う腐食が多数見られる場合。
高	・かぶりコンクリートの剥落により鉄筋が露出しているが,露出箇所の鉄筋の腐食は表面錆程度にとどまっている場合。 ・鉄筋の腐食に起因すると考えられるひび割れが見られる場合。 ・内部の鉄筋からのものと見られる錆汁の滲出が見られる場合。
(中) 低 (無)	・コンクリート表面に何らかの変状が見られたが,鉄筋の腐食によるものとは考えにくい場合。 ・変状が認められない場合。

Ⅱ. 定期点検

解　説

1)，2)について

　目視調査を行った結果，鉄筋の腐食が始まっていることが明らか，または強く疑われる場合には，劣化度"高"と判定し，腐食の程度が著しいことが明確な場合には，劣化度"特"と判定することにした。

　一方，すでに **1. 一般**(p.15)でも述べたように，目視調査で鉄筋の腐食が疑われるような変状が見られない場合でも，コンクリート中の鉄筋の腐食が始まっている可能性がないとは言い切れない。すなわち，目視調査では，劣化度"中"〜"無"の違いを明確にすることは困難である。したがって，目視調査で鉄筋の腐食を示唆するような変状が見られなかった場合には，便宜上，劣化度"低"と判定することを標準とした。

　劣化度"中"〜"無"の範囲内にあると考えられる構造物については，目視調査の結果を総合的に判断して判定を行ってもよい。このような場合には，劣化度の判定結果とともにその理由も記録しなければならない。例えば，「コンクリート表面にジャンカが見られたので，当該部分から劣化因子の侵入が進むおそれがあるとして劣化度"中"と判定する」，「コンクリート表面に全く変状が認められないので，劣化度"無"と判定する」などの判定が考えられる。

　なお，ひび割れの発生原因を推定する場合には，日本コンクリート工学協会『コンクリートのひび割れ調査，補修・補強指針』[6]を参考に行うとよい。

4.1.3　打音調査
(1)　調査方法

> 1) 打音調査は，コンクリート面を点検用ハンマーでたたき，打撃音・感触からコンクリートの浮きや剥離の有無を推測する。
> 2) 打音調査は，ひび割れ周辺部やコンクリート表面の変色部分・漏水箇所を主体に実施するとよい。
> 3) コンクリート表面の浮き・剥離箇所が剥落し，第三者に影響を与えるおそれがある場合には，調査時に取り除くことが望ましい。

4. 定期点検方法

解　説

1)について

コンクリートの劣化現象には，内部の変状が表面に現れないことも多い。特に，補修履歴があり塗装で表面が被覆されている構造物では，外観の目視調査のみでは判定が困難な場合がある。このような場合には，打音調査を行って，目視では判断しにくい浮きや剥離の有無を打撃音から判断するとよい。

打音による浮き・剥離調査は，音と打撃感覚による判断であるので，経験豊富な技術者が実施することが望ましい。数人で実施する場合は，打音，打撃感覚についての技術教育や聞き分け訓練を行い，極力，共通の認識をもって調査にあたるようにするのが大切である。このような訓練は，現地であらかじめ健全部と剥離箇所を選定しておき，試打を行うことによって実施するとよい。

また，確認された浮き・剥離箇所は，位置と範囲を巻尺等を用いて定量的に把握し，補修対策工の実施時期および補修工法の選定等の資料として記録することが重要である。

2)について

打音調査は，構造物の全範囲を対象に実施するのが望ましいが，場合によっては，調査にかかる時間やコストの面で非現実的なものとなりかねない。そこで，構造物の規模が大きい場合には，目視調査結果を参考に，ひび割れ周辺部・変色部分・漏水箇所等の変状箇所に着目し，実施するのがよい。

なお，浮き箇所等の調査は，「近接目視＋たたき点検」によって行うのが最も確実な方法であるといえるが，すべての構造物についてこれを行うと，維持管理を行う構造物の数によっては，膨大なコストがかかることも考えられる。そこで，特に調査のために足場を設置したり，橋梁点検車等を使用したりする必要がある部位については，後述するサーモグラフィー法等の遠距離から実施できる調査方法を活用し，コンクリート表面の浮きが生じている可能性がある部位をしぼって打音調査をするとよい。

3)について

打音による浮き・剥離調査(たたき点検)には，第三者被害を未然に防止するという目的も含まれる。調査に当たっては，第三者に支障となるおそれがある剥離が発見された場合でこれを安全に取り除くことが可能な場合には，剥離箇所を取り除き，鉄筋に防錆処理を施すなどの応急対策を行うことなどを事前に協議しておき，調査

Ⅱ. 定期点検

時に応急対策まで実施することが望ましい。

(2) 判定方法

> 1) コンクリート表面の浮き・剥離箇所の有無は，打撃音・感触から判断する。
> 2) 打音調査による劣化度の判定は，**表-4.1**(p.33)に準じて行う。

解　説

1)について

　打音調査は，打撃音と感触によるものであり，健全箇所との音の違いの聞き分けと跳ね返りの感触から判断することとした。音による判定基準は**表解-4.2**が目安となる。

　なお，濁音が生じる箇所でも，範囲が狭い場合やコンクリート表面に全く変状が見られない場合には，軽微なジャンカ程度の欠陥であることも考えられる。したがって，すぐに剥落するおそれがない箇所では，むやみに力を入れて打撃せず，経過を観察するのがよい。

表解-4.2　打撃音による判定の目安

判定	打撃音の例		打撃感覚
健全	清音	コンコン，キンキン，カンカン	力いっぱい打撃可能
浮き・剥離の可能性が高い	乾いた濁音	ポコポコ	力いっぱいたたくと壊れそうで手加減した打撃となる
	湿った濁音	ポコポコ，ゴンゴン	

2)について

　かぶりコンクリートや補修材料の浮き・剥離が生じた原因は，種々のものが考えられるので，浮き箇所や剥離箇所の数量・大小のみから劣化度を判定することは困難である。ただし，打音調査で剥落のおそれがある箇所を除去した場合には，その箇所で露出した鉄筋の腐食状態等を観察できる。この場合は，目視調査の判定基準に準じて劣化度を判定するとよい。

4.1.4 サーモグラフィー法による浮き・剥離箇所の調査

1) コンクリートの浮き・剥離箇所の調査を，広範囲に行う場合や遠距離から行う必要がある場合には，サーモグラフィー法で行うのが望ましい。
2) サーモグラフィー法による浮き・剥離箇所調査は，晴天時の昼間に行うこととする。
3) サーモグラフィー法による浮き・剥離箇所調査の結果，浮きや剥離のおそれがある箇所が発見された場合には，**4.1.3 打音調査**を行うのがよい。

解　説

1)について

既設コンクリート構造物の浮きや剥離等の内部欠陥を調査する非破壊試験は，サーモグラフィー法のほかにも，弾性波法，電磁波法，X線法等がある。しかし，サーモグラフィー法には，構造物に接近する必要がなく，短時間に大断面の調査を行うことが可能であるという特徴があるため，他の非破壊試験と比べ，調査に要する時間や費用が少なくて済む。したがって，コンクリートの浮き・剥離調査を広範囲に行う必要がある場合は，サーモグラフィー法を用いるとよい。

2)について

サーモグラフィー法は，構造物表面の温度差を測定することによりかぶりコンクリート部の浮き・剥離を発見する手法である。したがって，コンクリート構造物の温度が日射等により変化しているような環境で，かつ浮き・剥離箇所の温度変化と健全部の温度変化が異なっているような状況でないと，サーモグラフィー法では，浮き・剥離箇所を発見できない。

そこで，屋外の構造物をサーモグラフィー法で調査する場合には，①気温の変化が大きい晴天日の，②浮き・剥離部と健全部の温度差が生じやすい時間帯[7]（9時から14時頃まで）に行うのがよい。ただし，構造物を人工的に加熱し，欠陥部と健全部の間に温度差を生じさせて測定する手法も実用化されている。

なお，サーモグラフィー法では，剥離の位置が深い(50 mmを超えるような)場合や，曇天等の構造物の温度変化が小さい場合には，浮き・剥離の検出精度が下がるという問題点がある。また，サーモグラフィー法では，欠陥部の深さや空隙の厚さを推定することは困難である。

Ⅱ. 定期点検

3)について

　サーモグラフィー法は，短時間で広範囲な調査を行うことができる反面，上述のように欠陥の深さ等は明らかにできず，浮きや剥離が生じた原因を明確にすることは難しい。そこで，サーモグラフィー法で調査した結果，浮き・剥離箇所が発見された場合には，たたき調査を行うなどして変状の範囲を明確にし，浮きや剥離が生じた原因を明確にして，剥落のおそれがある場合は除去するなどの応急処置を行うのがよい。

4.1.5　超音波法によるひび割れ深さの調査

> 1) ひび割れ深さは，1本のひび割れの最大ひび割れ幅の箇所で行うことを原則とする。
> 2) ひび割れ深さの測定は，超音波を用いた伝搬時間による測定あるいは直角回折波法による測定により行うこととする。
> 3) ひび割れ深さの測定結果を参考に，ひび割れの発生原因や耐久性への影響を検討する。

解　説

1)について

　ひび割れ深さの測定は，ひび割れ幅が 1 mm 以上と大きな場合やひび割れが発生した原因が不明な場合，ひび割れが部材を貫通しているかどうかを明確にしたい場合に実施するとよい。

　通常は，ひび割れ幅が大きなひび割れほどひび割れ深さが深く，構造物の耐久性により大きな影響を与えると考えられること，ひび割れ幅が小さなひび割れは，溶出したカルシウム分等で埋まってしまうことが考えられることから，個々のひび割れの最大ひび割れ幅の箇所で調査を実施することとした。調査箇所を容易に定められるように，あらかじめ目視調査によりひび割れの発生位置およびひび割れ幅を調査しておくとよい。

　ただし，適切な箇所が見つからない場合は，構造物の管理者と調査の実施者が協議のうえ，調査箇所を決定するものとする。また，万一，調査箇所中に多数のひび割れが存在する場合には，ひび割れが発生した部位やひび割れの方向に着目して分類し，代表的なものを測定するとよい。

2)について

超音波を利用したひび割れ深さの測定方法の詳細は、『コンクリート構造物の非破壊試験マニュアル』[8]に記載された方法による。ひび割れ深さの超音波法による測定は、T_c-T_0法、T法、BS法、修正BS法、BS斜めひび割れ法、デルタ法、回析波法（P波位相反転法）、近距離迂回波法、S-S法、R-S法（SH波法）レスリー法、低周波横波超音波法等多数の提案があるが、比較的精度が良いと考えられている T_c-T_0法、BS法、直角回析波法を用いるのがよい。

3)について

ひび割れの発生原因によりその深さが異なっているので、ひび割れ深さの測定結果を参考にひび割れの発生原因を推定し、今後の劣化予測の参考にするとよい。例えば、部材の引張側に発生した曲げひび割れは、主鉄筋位置まで到達しているものと考えられる。一方、コンクリート表面の乾燥収縮等によるひび割れは、ひび割れ深さが小さいものと考えられる。

4.1.6 その他の調査方法

> 1) ひび割れ箇所の検出に非破壊試験を適用する場合、測定機器の精度、適用範囲等を十分考慮し、適切な測定機器を選定して行うものとする。
> 2) コンクリートの浮き・剥離の検出に弾性波や電磁波を用いた非破壊試験を適用する場合、想定される欠陥の種類、測定装置の精度、適用範囲等を十分考慮し、適切な測定機器を選定して行うものとする。

解 説

1), 2)について

ひび割れ箇所の検出やコンクリートの浮き・剥離箇所の検出を目的とし、非破壊試験を活用する調査方法は、現在特に研究が盛んで、今後の研究開発が期待される分野である。しかし、現場への適用実績は必ずしも多くないので、ここでは調査方法の紹介にとどめた。

現在、デジタル画像処理技術の進歩により、これらを応用しひび割れ箇所等の変状を検出する非破壊試験機器の開発が盛んに行われてきている。これらの機器を点検や調査に適用することにより、ひび割れ等の変状の効率的な検出および調査結果の定量的な記録、定量的なデータの蓄積が可能となり、変状の経時観察も容易とな

Ⅱ．定期点検

る。ただし，これらの機器は，まだ目視の補助的な道具としての使用がほとんどであり，検出精度等に課題もあるため，その適用においては，測定機器の精度，適用範囲等を十分考慮する必要がある。

　打音調査およびサーモグラフィー法による調査で発見できる浮き・剥離箇所は，基本的にはコンクリートの表層近傍に限られる。コンクリート内部の状況を把握する必要がある場合，あるいは劣化機構の推定および劣化程度の判定を行う場合等には，浮き・剥離が生じている位置についてさらに詳細な情報を得るため，弾性波および電磁波を利用した調査が行われる場合がある。弾性波を利用する方法は，コンクリートを伝わる弾性波の特性を測定し，浮き・剥離を検出する。電磁波を利用する方法は，コンクリートを透過，あるいは浮き・剥離箇所で反射する電磁波を測定し，浮き・剥離を検出する。**表解-4.3**におのおのの測定方法の概要を示す。

表解-4.3　非破壊試験による浮き・剥離箇所の検出方法

測定方法		測定概要
弾性波を利用する方法	超音波法	コンクリート中を伝搬する超音波の伝播速度を測定し，浮き・剥離によるコンクリート内部の空隙の有無を調べる方法。同様の方法で，コンクリートの品質(圧縮強度)を推定するために用いられることもある。
	縦弾性波法	コンクリート表面をハンマー等で打撃し，発生した打撃音や弾性波を計測して，得られた波形を解析し(スペクトル解析等)，コンクリート内部の空隙等の有無や規模を調べる方法。測定原理そのものは打音調査と同じであるが，計測機器を用いて打撃音やコンクリート中を伝搬した弾性波を測定し，定量的に解析を行う点が異なる。
電磁波を利用する方法	放射線透過法 (X線法)	コンクリートを透過したX線の強度の分布状態から，内部の鉄筋，空隙，ひび割れの検出を行う方法。比較的精度良く判定できるが，X線の透過厚さの限界や検査領域の狭さ，検査時の安全の確保といった問題点も残されている。
	電磁波法 (レーダー法)	コンクリート中の非誘電率の異なる物質の境界において電磁波(マイクロ波)の反射が生じることを利用し，浮き・剥離によるコンクリート内部の空隙の有無を調べる方法。同様の方法で，鉄筋位置を推定するために用いられることもある。コンクリート表面に水分が多く存在する場合には，表面における電磁波の反射が著しくなり，内部探査が困難になるという問題点がある。

4.2 鋼材の腐食状況

4.2.1 測定方法

> 1) コンクリート中の鋼材腐食の推定は，自然電位法により行うことを原則とする。
> 2) 適切な測定が実施できる場合は，分極抵抗法を適用してもよい。

解 説

　コンクリート中の鋼材の腐食を非破壊試験で評価する方法としては，自然電位法が最も一般的であるので，自然電位法により行うことを原則とした。分極抵抗法(直流分極抵抗法，交流インピーダンス法，交流矩形波電流分極法等)については，鋼材の腐食を腐食速度として定量的に評価できることが知られている。しかし，その適用実績は，自然電位法に比べて少なく，測定を行う際に用いる交流電圧の周波数，電流の広がり防止方法等必ずしも明らかになっていない事項もある。

　したがって，本マニュアルでは，自然電位法を用いることを原則とし，分極抵抗法については，測定原理や測定方法を熟知した技術者によって適切な測定が可能な場合にのみ適用可能であるとした。いずれにしても，定期点検においてはコンクリート中の鋼材腐食を非破壊的に評価する方法として，これらの電気化学的方法によることを原則とした。

　自然電位法の測定は，土木学会規準『コンクリート構造物における自然電位測定方法』(JSCE-E 601-2000)によるものとする。自然電位の測定装置に用いられている照合電極には，銅－飽和硫酸銅電極(CSE)，飽和カロメル電極(SCE)，銀－飽和塩化銀電極，鉛電極がある。異なる照合電極を用いた測定結果を比較するため，測定結果は，25℃の飽和硫酸銅電極(CSE)に対する自然電位の値に換算して表示しなければならない(**表解-4.4**)。なお，測定に当たっては，測定装置(照合電極)のキャリブレーションと測定前30分湿潤養生を適切に行うことを原則とする。

表解-4.4　自然電位の測定に用いられる照合電極の種類とCSE基準への換算する場合の補正値

照合電極の種類	電位の補正値 (飽和硫酸銅電極換算，25℃)
飽和硫酸銅電極	$0 + 0.9 \times (t - 25)$
飽和カロメル電極	$-74 - 0.66 \times (t - 25)$
飽和塩化銀電極	$-120 - 1.1 \times (t - 25)$
鉛電極	$-799 + 0.24 \times (t - 25)$

注) t：測定時の温度(℃)

Ⅱ. 定期点検

　分極抵抗の測定は,「コンクリート構造物の非破壊検査マニュアル」[9]に従って行うことを原則とする。

4.2.2　判定方法

　自然電位法によるコンクリート中の鋼材腐食の推定は,**表-4.2**に従って行うことを原則とする。

表-4.2　自然電位測定結果の判定

劣化度	自然電位 E(mV：CSE)	鋼材の腐食しやすさ
特	—	—
高	$-350 \geq E$	大
中	$-250 \geq E > -350$	やや大
低	$-150 \geq E > -250$	軽微
無	$E > -150$	なし

解　説

　自然電位法に関しては,これまでにもASTMやBS規格として,自然電位の測定結果を指標とした腐食評価基準が提案されている。これらは,いずれも自然電位の測定結果に対し,鉄筋の腐食確率という形で腐食の評価を行うものである。ところが,これらの基準では自然電位が$-200 \sim -350$ mV(vs：CSE)の間に位置した場合,腐食の可能性が不確定あるいは腐食確率50％としていて,実質的には評価を避けたものとなっている(**表解-4.5**)。

表解-4.5　自然電位測定結果の判定基準(ASTM, BS)[10, 11]

自然電位 E(mV：CSE)	腐食確率	
	ASTM	BS
$E > -200$	90％以上の確率で腐食なし	5％以下の確率で腐食あり
$-200 \geq E > -350$	不確定	50％
$-350 \geq E$	90％以上の確率で腐食あり	90％以上の確率で腐食あり

　しかし,実構造物の自然電位を測定した場合,測定値がこの間に位置することが多く,このような測定結果が得られた場合についても何らかの判定を下す指標を与えなければ,実務への適用性が十分とはいえない。本マニュアルの定期点検で目指すところは,コンクリート中に存在する鋼材の腐食の兆候を捉え,詳細調査を実施する必要性の有無の判定を適切に下すことにあるので,不明な点を残した従来の判

定基準をそのまま引用したのでは，この目的を達成できない。そこで，既存の判定基準にとらわれることなく，新たに**表-4.2**に示した判定基準を設けることとした。

自然電位は，本来，鉄筋が腐食しやすい環境にあるどうかを示す指標であり，腐食の程度を定量的に示すものではない[12]。しかし，文献[13]のように，自然電位の測定結果とコンクリート中の鉄筋の腐食状態との関連性を示した結果も得られている(**表解-4.6**)。これによると－150 mVで点錆程度の表面的な腐食，－250 mVで全面的に表面的な腐食が観測されていて，これまで明確にされてこなかった－200～－350 mV(vs：CSE)間の鉄筋腐食状況について腐食性を判定する根拠を与えている。

表解-4.6　自然電位と鉄筋腐食状態の関係[13]

自然電位 E(mV：CSE)	腐食状態
$E > -150$	腐食を認めず
$-150 \geq E > -250$	点錆程度の表面的な腐食
$-250 \geq E > -350$	全体的に表面的な腐食
$-350 \geq E > -450$	浅い孔食等断面欠損の軽微な腐食
$-450 \geq E$	断面欠損の明らかな著しい腐食

自然電位法による鋼材の腐食性の評価は，ここでは自然電位の絶対値に基づいて行っているが，これ以外にも，電位の分布状況による評価，コンクリートの比抵抗やコンクリート中の塩化物含有量あるいは分極抵抗の測定結果等，複数の指標を用いた総合的な評価とすることで，腐食性の推定精度を向上させる方法も検討されている。しかし，現段階ではこれらの手法は研究途上にあることから，ここではあえて触れないこととした。ただし，過去の調査結果の蓄積によって評価方法が明らかになった場合は，これらの手法に従って腐食判定を実施してもよいこととする。

なお，**表解-4.5**に示したASTM規格は，塩化物イオンを多量に含むコンクリート試験体における測定結果をもとに設定されたものであり，中性化ほかの要因による鉄筋腐食の評価に関しては，現状では必ずしも満足しうる判定基準ではない。また，測定時の含有塩化物イオン濃度，水分，コンクリート温度等により自然電位の測定値が大きく変化する場合があることにも注意が必要である。例えば，地下構造物のように絶えず含水率が高い状態にある場合，全体的に卑な電位が測定されることが多い。また，内陸部の構造物でコンクリートの比抵抗が非常に大きい場合，あるいは中性化がかなり進行しているような場合は，比較的貴な電位が測定されるに

もかかわらず腐食が生じていることがある。したがって，実構造物の自然電位と鉄筋の腐食状態の関係は，必ずしも**表-4.2**に示したようになっていないことも考えられる。

そこで，含水状態が通常の構造物と異なることが予想される構造物や中性化深さが大きな構造物の腐食状況を推定する場合は，コンクリート表面の含水状態の観察，中性化深さ測定等の事前調査を行うとともに，必要に応じてごく局所的なかぶりコンクリートのはつりによる腐食状況の確認を行うことも検討するのが望ましい。

4.3 塩化物イオン

4.3.1 試験方法

> 1) 塩化物イオンの試験に用いる試料は，コンクリートコアまたは小径コア，ドリル削孔粉とする。
> 2) 試料の採取位置や採取数は，定期点検を行う構造物の周辺環境等を考慮して適切に定めるものとする。
> 3) 塩化物イオンの定量は，JIS A 1154「硬化コンクリート中に含まれる塩化物イオンの試験方法」に準じて行い，全塩化物イオン量を求めることを原則とする。
> 4) 塩化物イオンを簡便に試験したい場合には，フルオレセイン法や簡易塩分測定器法(可溶性塩化物イオンの濃度をフレッシュコンクリート中の簡易塩分測定器を用いて測定する方法)等を用いてもよい。

解　説

1)について

塩化物イオンの試験をより精密に行う場合には，サンプリング誤差を除去するために，できるだけ多くの試料を採取することが望ましい。このため，JIS A 1154附属書1「硬化コンクリート中に含まれる塩化物イオン分析用試料の採取方法」では，コア径を粗骨材の最大寸法の3倍以上とすることを原則としている。しかし，コア径を大きくすると，調査のために構造物を傷める程度も大きくなる。

一方，定期点検を行う構造物の種類や周辺環境等によっては，コンクリート中に多量の塩化物イオンが含まれている可能性が低いと予想される場合がある。また，かぶりが厚い構造物では，外部から侵入する塩化物イオンが鉄筋近傍まで到達する

までに時間がかかると予想される。このような構造物で塩化物イオンの侵入が見られるかどうかを簡易に確認したい場合には，試料のサンプリングについても構造物への影響が少ない方法を選定するのがよい。

そこで，定期点検における塩化物イオンの試験では，小径コア試料やコンクリートドリルで削孔した際に発生する粉末を試料としてもよいこととした。コンクリート中に多量の塩化物イオンが含まれていることが考えにくい構造物では，構造物に与える影響を考慮し，小径コア(ただし，粗骨材がコアの大部分を占める試料はさける)か，ドリル削孔粉を用いるのがよい。

参考までに，均質に塩分を含むように作成した供試体から様々な方法で試料を採取し，全塩化物イオン量を求めた実験の結果を**図解-4.1**，**表解-4.7**に紹介する。**図解-4.1**の実験では，同一の測定者が同一の試料の塩化物イオン量を求めた際の

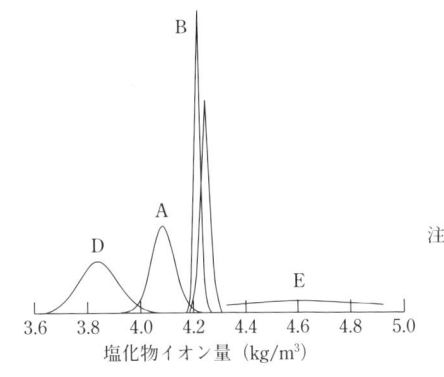

注) 10～20回の試験結果をもとに確率密度関数を算出した。
　　A～Dはセメント・コンクリートの分析を専門とする者による測定。Eは専門家ではないが，測定装置の使用方法について知識を持った者による測定。

図解-4.1　同一の試料を多数回試験した場合の全塩化イオン量試験結果の分布例[14]

表解-4.7　試料採取方法の違いによる全塩化物イオン量試験結果への影響[15]

採取方法	1採取箇所から得られた試料量(g)	1回の試験に用いた試料量(g)	試料数	試験結果 平均値 (kg/m^3)	標準偏差 (kg/m^3)	変動係数 (％)
コンクリート塊を粉砕	400～700	40	3	1.064	0.101	9.5
小径コアを粉砕	30	15	10	1.027	0.091	8.8
ドリル削孔粉を収集	10	5	10	0.847	0.130	15.4

注) 小径コア・ドリルでは，採取した試料を分割して，全塩化物イオン量と可溶性塩化物イオン量の試験に用いた。
　　コンクリート塊を粉砕した事例の標準偏差・変動係数は，試料数が少ないために有効な分析結果とは考えにくいが，参考までに示した。

ばらつきは，変動係数で1％程度と非常に小さかった。しかし，測定者間で試験結果の絶対値が異なっており，その差は1割程度と比較的大きい。これに対し，**表解-4.7**の実験では，試料量が少なくなるほど変動係数が大きくなる傾向があり，約5gのドリル削孔粉を用いた場合の変動係数は15％程度であった。なお，**表解-4.7**の実験では，ドリル削孔粉を用いた場合，全塩化物イオン量の試験結果がやや小さく測定された。一方で，ドリル削孔粉を用いると試験結果が若干高めになるという結果も報告されている[16]ので，試料採取法による試験結果への影響は定かではない。

なお，採取したコア試料を急速に乾燥させると，水の移動に伴って試料内部での塩化物イオンの分布が変化するおそれがある。したがって，コア採取した試料は，布で覆うなどして急激な乾燥を防ぎながら試験室まで運搬しなければならない。また，試料の表面に過度に水をかけると，表面付近の塩化物イオンが流出するおそれがあるので，コア試料を切断する場合には，乾式のカッターを用いなければならない。

2)について

試料のサンプリングで構造物中の鋼材を切断しないよう，あらかじめ非破壊試験機器を用いて鉄筋やPC鋼材の位置を調査しておく必要がある。また，採取位置は当該構造物を代表する箇所とするが，錆汁の析出や鉄筋に沿ったひび割れ等，鋼材の腐食が疑われる箇所があれば，その周辺を調査対象とする。

試料の採取は，以下を参考にするとよい。

① 鋼材の腐食が疑われる場合：鉄筋位置付近から試料を採取する。
② 外部からの塩分の侵入が予想される場合(塩害地域，または融雪剤・凍結防止剤が使用される地域の構造物)で，かつ塩化物イオンの濃度勾配を詳細に把握したい場合：コンクリートの表面から鉄筋位置(あるいは10cm程度の深さ)までのコンクリートを表面から深さ方向に1～2cmピッチで切断した試料を分析する。ただし，試料採取時には切断の際の試料固定のため，測定に必要な長さ＋5cm程度の試料を採取する必要がある。
③ 外部からの塩分の侵入が考えにくい構造物で，建設時からコンクリート中に多量の塩分が含まれていることが疑われる場合：原則として，鉄筋位置付近から試料を採取する。ただし，鉄筋のかぶりが厚く試料採取による構造物への影響が懸念される場合は，深さ5cm程度の位置から試料を採取してもよい。

4. 定期点検方法

　1)の解説で述べたように，試料の採取法・採取量と測定結果の精度の関係は十分には明らかになっていない。しかし，定期点検の位置付けと構造物に与える影響を考慮すると，1条件当り20g程度の試料量(10gずつ2回試験)が得られるように採取するのが妥当であると考える。深さ方向に1cmごとに分取して試験すると仮定すると，ϕ25mmの小径コアの場合3本，ϕ14mmのドリルの場合は8箇所程度の削孔となる。

3)について

　鉄筋の腐食に関する既往の研究によると，コンクリート中に含まれる塩化物イオンのすべてが鋼材の腐食の開始に影響を与えるのではなく，セメント水和物に固定化された塩化物イオンは，鋼材の腐食に影響を与えないと考えられている。しかし，現状では，水和物に固定化されておらず，鋼材の腐食に影響を与えうる塩化物イオンのみを選択的に抽出し，その量を分析する手法は確立されていない。このため，塩害に関する既往の技術規準類やこれまでに報告されている各種論文では，全塩化物イオン量(硬化コンクリートから硝酸で抽出される塩化物イオンの量)を評価指標として鋼材の腐食の可能性を論じるのが一般的である。そこで，本マニュアルでも，全塩化物イオン量を分析することを原則とした。

4)について

　3)に示した塩化物イオンの分析方法では試験に時間や費用がかかることから，多数の構造物を調査するのは困難である。そこで，硬化コンクリート中に塩化物イオンが多量に含まれているかどうかを簡便に分析したい場合には，フルオレセイン法や簡易塩分測定器法を用いてもよいものとした。

　フルオレセイン法により塩化物の浸透深さを調べる場合は，JIS A 1171-2000「ポリマーセメントモルタルの試験方法」の7.8塩化物イオン浸透深さ試験に準じて行うのがよい。

　簡易塩分測定器法を用いてコンクリート中の可溶性塩化物イオンの分析を行う場合には，以下の手順に従って行うとよい。

① ドリル削孔粉またはコンクリートコア等をJIS Z 8801の149μmふるいを全通させるように粉砕した試料を用いる。

② 試料を50℃に温め，50℃の温水を加えて保温し，30分間振盪して可溶性塩化物イオンを抽出する。この時，抽出時の温度によって抽出される可溶性塩化物イオンの量が大きく異なるので振盪時の保温には十分注意しなければならな

Ⅱ．定期点検

い。また，使用する試料と温水の質量をあらかじめ測定しておくものとする。使用する温水の量は，コンクリート中に含まれている塩化物イオン量を予測したうえで，簡易塩分測定器の性能等を考慮して定める。

③　簡易塩分測定器を用いて抽出液に含まれる塩化物イオンの濃度を測定する。

④　式4.1から，硬化コンクリート中の可溶性塩化物イオンの量を算出する。

$$X = \frac{A}{100} \times B \times \frac{C}{D} \tag{4.1}$$

ここで，X：単位体積のコンクリートに含まれる可溶性塩化物イオン量(kg/m^3)，
　　　　A：簡易塩分測定器を用いて測定された可溶性塩化物イオンの濃度(％)，
　　　　B：使用した温水の質量(g)，
　　　　C：コンクリートの単位容積質量(kg/m^3)，不明の場合は2 200 kg/m^3(絶乾時の一般的なコンクリートの単位容積質量)としてよい，
　　　　D：使用したコンクリート粉末試料の質量(g)。

4.3.2　判定方法

鉄筋位置における全塩化物イオン量による劣化度の判定は，**表-4.3**による。

表-4.3　鉄筋位置における全塩化物イオン量による判定

劣化度	鉄筋位置での全塩化物イオン量	鋼材の腐食性
特	—	—
高	2.5 kg/m^3 以上	大
中	1.2 kg/m^3 以上，かつ 2.5 kg/m^3 未満	やや大
低	0.3 kg/m^3 を超えて，かつ 1.2 kg/m^3 未満	軽微
無	0.3 kg/m^3 以下	なし

解　説

2002年制定の『コンクリート標準示方書』［施工編］では，コンクリートの中の鋼材に腐食が発生する全塩化物イオン量の値(単位容積当りのコンクリートに含まれる塩化物イオンの質量)は1.2 kg/m^3 と考えられている[17]。しかし，全塩化物イオン量が1.2 kg/m^3 を超えても急速に腐食が進むとは限らず，旧建設省の『塩害を受けた土木構造物の補修指針(案)』に紹介されている調査結果では，全塩化物イオン量が1.2〜2.5 kg/m^3 程度であれば，鉄筋は腐食していないか表面錆程度にとどまっていることから，全塩化物イオン量で2.5 kg/m^3 以上を補修要否の目安としてい

る[18])。そこで，これらの値を目安に塩化物イオンの試験結果を判定することとした。

一方，フルオレセイン法での発色領域や簡易塩分測定器法から求められる可溶性塩化物イオン量については，まだ判定基準の目安を示せるほどには調査結果の蓄積がない。また，JCI-SC4による全塩化物イオンの分析結果との関係も明らかではない。しかし，これらの方法で，鉄筋の近傍まで発色が見られたり，鉄筋近傍での可溶性塩化物イオン量が 0.6 kg/m^3 以上となったりする場合には，鉄筋近傍のコンクリートに鋼材の腐食が発生する程度の塩化物イオンが含まれている可能性もあるので，全塩化物イオンの分析を行って確認するのがよい。なお，当該構造物の試料を用いた試験で可溶性塩化物イオン量と全塩化物イオン量の比が明らかにされている場合には，可溶性塩化物イオン量の分析結果を全塩化物イオン量に換算して**表-4.3**による判定を行ってもよい(ただし，コンクリートが中性化している領域では，このような換算を行ってはならない)。

鉄筋位置における全塩化物イオン量が 1.2 kg/m^3 に達していなければ腐食は生じないと考えられるが，そのような場合でも，塩分の侵入が疑われる場合とそうでない場合を区別しておくことは有意義である。そこで，JIS A 5308のレディーミクストコンクリートにおける全塩化物イオン量の規制値(0.3 kg/m^3)以下であれば，劣化度"無"と判定するものとした。

4.3.3 予測方法

> 塩化物イオンの分析結果に基づいて，将来の塩化物イオン量の予測を行うのが望ましい。

解　説

鉄筋近傍のコンクリートに多量の塩化物イオンが含まれ，鉄筋が腐食するおそれのある構造物を補修することは容易ではない。そこで，外部から塩分が供給される環境に位置する構造物では定期点検時の塩化物イオン量を調べるだけでなく，鉄筋近傍での塩化物イオン量について将来予測を立てるとよい。

塩化物イオン量の将来予測を行うためには，コンクリート表面から内部に向けて 1～2 cm ピッチで試料を採取して全塩化物イオンの試験を行い，塩化物イオン濃度の分布を把握する必要がある。予測の方法については，**Ⅲ. 詳細調査 4.2.3 塩化物イオンの試験**(p.105)を参照されたい。

Ⅱ．定期点検

4.4 中性化深さ

4.4.1 測定方法

> 1) 中性化深さの測定に用いる試料は，小径コアまたはドリル削孔粉とする。
> 2) 試料の採取位置や採取数は，調査箇所の広さや周辺環境等を考慮して適切に定めるものとする。
> 3) 中性化深さの測定は，JIS A 1152(コンクリートの中性化深さの測定方法)，またはNDIS3419(ドリル削孔粉を用いたコンクリート構造物の中性化深さ試験方法)に準じて行う。

解　説

1)について

中性化による劣化は，コンクリート内部で進行するため中性化深さで判断するのが一般的である。しかし，現時点では構造物を全く傷つけずに中性化深さを測定する技術は開発されていないことから，定期点検における中性化深さ測定においては，極力構造物に損傷を与えないような試料採取方法を採用することとした。

このような試料採取方法の一つに小径コアの採取がある。コア採取を行う場合，一般的には$\phi 75 \sim 100$ mmのコア径(標準コア)で行われているが，本マニュアルでは，小径コア($\phi 25$ mm程度)の採取を推奨する。

ただし，中性化深さの測定と同時に圧縮強度試験用のコア試料を採取する場合や，鉄筋の自然電位の測定を行う場合等は，標準コアを試料としたり，コンクリートをはつった面を測定対象とした方が合理的な場合もある。このような場合は，構造物管理者および調査実施者が協議したうえで，調査方法を決定するとよい[Ⅲ．詳細調査4.2.4中性化深さの測定(p.109)参照]。

小径コアや標準コアを試料として採取する場合は，JIS A 1107(コンクリートからのコアの採取方法及び圧縮強度試験方法)やJCI-DD1[コンクリート構造物からのコア試料の採取方法(案)]に準じて行う。コア試料を採取したり切断する場合，散水しながら行う方法と散水しないで行う方法とがある。これが中性化深さの測定値に及ぼす影響に関しては，定量的な知見は得られていないが，切断面が約450 ℃以上の高温になると，水酸化カルシウムが脱水し酸化カルシウムに変化することも指摘されており，削孔面や切断面が過度に高温にならないように注意するのが望ましい。

ドリル削孔粉の採取は，日本非破壊試験協会規格 NDIS3419（ドリル削孔粉を用いたコンクリート構造物の中性化深さ試験方法）に準じて行う。同規格によれば使用するドリル刃の径は ϕ 10 mm としている。

2)について

採取位置は，構造物を代表する箇所とするが，錆汁の析出や鉄筋に沿ったひび割れ，かぶりコンクリートの浮き等，鋼材の腐食が疑われる箇所があれば，その周辺を調査対象とする。試料の採取は，コンクリート表面から鉄筋位置までとする。ただし，ドリル削孔粉を採取すると同時に中性化深さを判定できる場合（**写真-4.1 参照**）には，中性化深さが明らかになった時点で削孔を中止する。

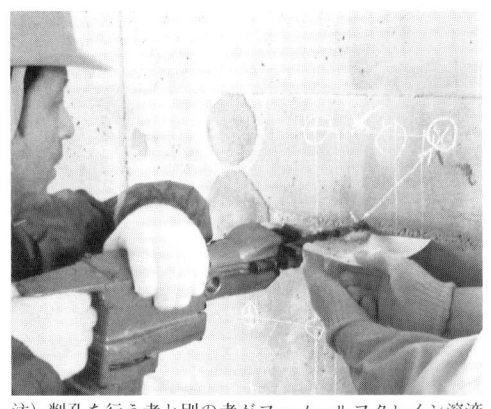

注）削孔を行う者と別の者がフェノールフタレイン溶液を噴霧したろ紙を支えている

写真-4.1　ドリル削孔粉を用いた中性化深さ測定例

試料の採取数は，定期点検を行う範囲の広さや周辺環境（部材の向きや日照によって中性化の速度が異なる），構造物に与える影響や構造物の種類，調査費用等を考慮して決定するのがよい。なお，ドリル削孔粉を用いる場合には，調査箇所の粗骨材の有無によって測定結果が異なるおそれがあるので，少なくとも3箇所以上の削孔を行うことが望ましい。

なお，試料採取においては，構造物中の鋼材に損傷を加えないようにあらかじめ鋼材の位置やかぶりを調査しておく必要がある。

3)について

中性化深さは，フェノールフタレインアルコール溶液をコアの割裂面や側面，またはドリル削孔粉に噴霧し，鮮明な赤紫色に発色した部分のコンクリート表面からの距離をノギス等で測定し，コンクリートの中性化深さとする。指示薬として使用するフェノールフタレインアルコール溶液は，95％エタノール 90 mℓ にフェノールフタレインの粉末1gを溶かし，水を加えて 100 mℓ としたものを標準とする。

コア試料（標準，小径とも）を用いて中性化深さを測定する場合はコアの割裂面で測定するのがよいが，当該コアを別の試験でも利用する場合などで，これにより難

い場合にはコア側面で行ってもよい。測点数は，コアの状況にもよるが4～5箇所以上とするのがよい。1つのコア試料または調査箇所について，個々の測定点での測定値とともに平均中性化深さを記録する。平均中性化深さは測定値の合計を測定箇所数で除して求め，四捨五入によって小数点以下1桁（単位はmm）にまとめる。なお，コア試料やはつり箇所で中性化深さが平均中性化深さと大きく異なる測定点が見られた場合には，詳しく観察してその原因（ジャンカの存在等）を推定し，記録しておくとよい。

　ドリル削孔粉による場合，1つの削孔箇所から得られる値をその箇所での平均中性化深さと考えてもよいが，測定結果が粗骨材の影響を受ける可能性もあるので，注意が必要である。日本コンクリート工学協会の『コンクリート診断技術'03』では，3つ以上の削孔箇所の測定値（平均値からの偏差が±30％以内に入るもの）の平均を平均中性化深さとするとされている[19]。

　なお，中性化深さの測定面に，小径コアの側面，標準コアの割裂面・切断面・側面，または，はつり面を用いる場合には，JIS A 1152（コンクリートの中性化深さの測定方法）に準じて行う。

　中性化深さ測定時の留意事項などは，**Ⅲ.詳細調査 4.2.4 中性化深さの測定**(p.109)に詳述しているので参考にされたい。

4.4.2　判定方法

中性化残りによる劣化度の判定は，表-4.4 による

表-4.4　中性化深さの測定結果の判定

劣化度	中性化残り*	鋼材の腐食性
特	―	―
高	0 mm 未満	大
中	0 mm 以上，10 mm 未満	やや大
低	10 mm 以上，30 mm 未満	軽微
無	30 mm 以上	なし

* 中性化残り＝鉄筋かぶり－平均中性化深さ
　鉄筋かぶりは，構造物の表面に一番近い鉄筋等の表面からコンクリート表面までの距離で，原則として調査位置で測定した値を用いる。不明な場合は設計図書に示された値とする。
注）本判定は，中性化のみを原因とした腐食の可能性に対してのみ適用できる。

解　説

　本マニュアルで扱う中性化とは，コンクリート表面から浸入した二酸化炭素と水和生成物との反応によりコンクリートのアルカリ性が低下する現象をいう。中性化の結果，鉄筋の不動態被膜が破壊され鉄筋が腐食する可能性が生じる。中性化によるコンクリート構造物の性能低下は，主にこの鉄筋腐食とそれに伴うひび割れの発生によるものであり，劣化の進行速度は遅いもののその影響は塩害による場合と同様である。

　一般に，コンクリートの中性化が鉄筋位置まで進行していると，鉄筋が腐食しやすい状態にあるといわれている。また，中性化が鉄筋位置まで到達していなくても，コンクリート中に塩分が比較的多く含まれる場合には，中性化によってコンクリート中の塩分分布が変化し，鉄筋の腐食が生じやすくなるともいわれている。しかし，中性化深さと塩分分布および鉄筋腐食の関係は明確ではないことから，ここでは中性化の単独劣化による判定方法を示した。本マニュアルでは，土木学会の『コンクリート標準示方書』[施工編]等で示されているように，劣化の程度を中性化残り（鉄筋かぶりと中性化深さの差）で評価することとした[20]。

　上記の示方書では，中性化残りが 10 mm 以上では構造物の機能を損なうような重大な腐食が生じた例がきわめて少ないことから，通常の環境下では中性化残りを 10 mm 確保すればよいとしている。一方，実構造物の調査結果によると，中性化残りが 10 mm を下まわっていてもすぐに著しい腐食が生じるとは限らない[21, 22]。そこで，これらを参考に本マニュアルでは，劣化度"高"を中性化残り 0 mm 未満，劣化度"中"を中性化残り 0 mm 以上 10 mm 未満とした。一方，中性化残りが 30 mm 以上の場合には中性化による腐食のおそれはなく，劣化度"無"と判定することにした。なお，塩化物イオンが存在する場合に，鋼材腐食が始まるおそれのある中性化残りは，土木学会の『コンクリート標準示方書』[施工編]では 10 ～ 25 mm としている。

4.4.3　予測方法

中性化深さの測定結果に基づいて，中性化の進行予測を行うのが望ましい。

解　説

　土木学会の『コンクリート標準示方書』[維持管理編]では，構造物の適切な維持管

理を行うために，構造物の各部位・部材に対して適切な劣化予測を行う必要性が述べられており，本マニュアルにおいても中性化の進行予測を行うことが望ましいとした。

中性化深さの進行は，コンクリートの品質(配合条件，施工条件等)や，環境条件(温度，湿度)等の影響を受ける。そのため，設計時に予測したとおりに中性化が進行するとは限らない。したがって，調査結果に基づいて中性化の進行予測を見直すことが必要であるとともに，その結果によっては定期点検間隔を見直すことも考えられる。

中性化の進行は，一般に時間の平方根に比例するとされている($\sqrt{t}$則，式4.2)。

$$y = b\sqrt{t} \tag{4.2}$$

ここで，y：中性化深さ(mm)，

t：材齢(年)(一般的には竣工後の年数)，

b：中性化速度係数(mm/$\sqrt{年}$)，

$$b = \frac{y}{\sqrt{t}} \tag{4.3}$$

中性化深さの測定結果に基づく中性化深さ進行予測(の修正)は，以下のように行う。

① 測定で得られた平均中性化深さ(y)と，調査対象構造物(部材)の材齢(t)から，式4.3を用いて中性化速度係数(b)を求める。なお，中性化深さの測定結果がない場合は，土木学会の『コンクリート標準示方書』[施工編][20, 23)]等を参考にコンクリートの配合から推定する(**表解-4.8**)とよい。また，中性化速度係数の実構造物における測定結果を**図解-4.2**に示す。

② 求められた中性化速度係数(b)と式4.2を用いて，将来における中性化深さの予測を行う。

③ 鉄筋かぶりから対象とする材齢での推定中性化深さを差し引き，予測したい時点での中性化残りを求める。

④ **表-4.4**より予測したい時点での劣化度を判定する。

4. 定期点検方法

表解-4.8 中性化速度係数の予測値 (mm/√年)

水セメント比 (%)	普通セメント		高炉セメント*	
	乾燥しにくい環境 北向き	乾燥しやすい環境 南向き	乾燥しにくい環境 北向き	乾燥しやすい環境 南向き
40	0.03	0.05	0.7	1.2
50	1.0	1.6	1.9	3.0
60	2.0	3.2	3.1	4.9

* 高炉スラグ置換率50％とした場合。

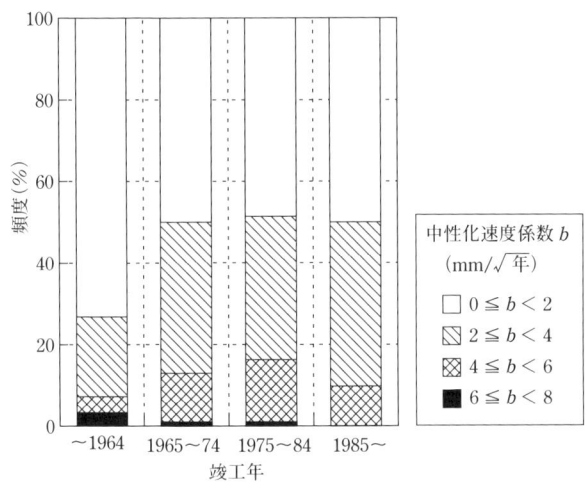

注）ここでは，『コンクリート標準示方書』[施工編]に示された中性化速度係数の予測値 α_p に，予測値の精度に関する安全係数 γ_p，環境作用の程度を表す係数 β_e を掛けたものを示した。構造物の耐久性設計に用いる際は，他にも考慮すべき点があるので注意が必要である。

中性化速度係数 b (mm/√年)	竣工年代				計
	〜1964	1965〜74	1975〜84	1985〜	
$0 \leq b < 2$	90	58	54	51	253
$2 \leq b < 4$	24	43	39	41	147
$4 \leq b < 6$	5	14	17	10	46
$6 \leq b < 8$	4	1	1	0	6
計	123	116	111	102	452

注）152件のコンクリート構造物で調査を行った結果。調査したコンクリートの配合等は不明であるが，呼び強度で16〜21程度のもの。

図解-4.2 実構造物の中性化速度係数（参考）

4.5 鉄筋位置およびかぶり

4.5.1 測定方法

> 1) 定期点検においては，定められた点検箇所における鉄筋位置およびかぶりを適切な方法により測定しなければならない。
> 2) 鉄筋位置およびかぶりは，電磁誘導法あるいは電磁波反射法（レーダー法）による非破壊試験により測定することを原則とする。
> 3) 電磁誘導法あるいは電磁波反射法以外の非破壊試験により鉄筋位置およびかぶりの測定を行う場合には，操作方法，測定精度等を十分に検討したうえで行うのがよい。
> 4) 定期点検における鉄筋位置およびかぶりの測定結果は，適切な方法で記録しなければならない。

解　説

1)について

　土木学会の『コンクリート標準示方書』［維持管理編］では，定期点検は，日常点検による点検部位のほか，日常点検で把握し難い細部も含めて，劣化・損傷・初期欠陥の有無や程度の把握を目的として実施されると記されている。したがって，定期点検では，目視調査や打音調査等で把握することが困難な項目について測定する必要がある。

　一般に，コンクリート構造物の鉄筋位置やかぶりは，鉄筋の腐食状態，鉄筋位置における塩化物イオン量，かぶりと中性化深さの関係を知るうえで不可欠な測定項目であり，塩害や中性化による劣化を把握するうえで最も基本となる情報のひとつである。このため，本マニュアルでは，コンクリート構造物を維持管理する際に実施される定期点検においては，定められた点検箇所における鉄筋位置およびかぶりの測定（確認）を行わなければならないこととした。

　なお，構造物の鉄筋位置を把握することは，鉄筋のはつりだし等を行って実際の配筋状態を確認したり，鉄筋の腐食状態を把握したりする際に必要な情報を得るものである。これに対し，かぶりを測定することは，かぶりコンクリート部分への劣化因子の侵入状況と組み合わせて，健全度の診断ならびに将来予測を行うための基礎となるものである。しかしながら，電磁誘導法あるいは電磁波反射法による測定

では，鉄筋位置とかぶりは同時に測定されるので，本項では鉄筋位置の測定とかぶりの測定を区別せず，両者を測定する際の留意点等についてまとめた．

2)について

定期点検における鉄筋位置およびかぶりの測定については，構造物を傷つけずに測定できることや測定の簡便さを優先し，電磁誘導法あるいは電磁波反射法による非破壊試験方法により測定することを原則とした．なお，電磁誘導法，電磁波反射法による鉄筋位置およびかぶりの測定方法の詳細は，『コンクリート構造物の非破壊検査マニュアル』[24]または，本マニュアルに添付してある**付属資料-2 電磁誘導法・電磁波反射法によるコンクリート構造物の鉄筋位置およびかぶり測定手順（案）**(p.142)に従って行うものとする．

電磁誘導法で鉄筋位置およびかぶりを測定できるのは，一般に鉄筋径が6 mm以上の場合で，かぶりが10～200 mmの範囲である．電磁誘導法による測定は，コンクリートの湿潤状態や表面塗装の有無の影響を受けることなく，鉄筋位置およびかぶりを測定することが可能である点に特長がある．

ただし，電磁誘導法は，かぶりが大きくなる(コンクリート表面に設置された測定装置のプローブ等のコイルと鉄筋との距離が遠くなる)ほど，鉄筋に誘導される電流は小さくなり，鉄筋に発生する起電流(電磁誘導現象によって鉄筋に発生する電流)も小さくなるため，鉄筋を識別することが困難となる．また，かぶりよりも鉄筋間隔が小さい場合や測定箇所近傍のかぶりコンクリート内に金属片等の鉄筋以外の磁性体が混入している場合には正しく測定することができない．このため，鉄筋間隔については工事記録等を参照すること，また，金属片等が混入した場合の測定結果の傾向等を十分に把握しておくことが重要である．

電磁波反射法で鉄筋位置およびかぶりを測定できる範囲は，一般に鉄筋径が6 mm以上の場合で，かぶりが200 mm以内の範囲である．ただし，電磁波反射法による測定は，コンクリートの湿潤状態，測定箇所の表面塗装の有無，かぶりコンクリート中の空洞等の影響を受けやすいことが知られており，かつコンクリートの品質によっても影響を受ける可能性が指摘されている．このため，かぶり部分のコンクリートの比誘電率等，測定結果のキャリブレーションに必要な補正値をあらかじめ適切に定めておくことがきわめて重要である．例えば，コンクリートの中性化深さを確認する方法として小径コアを採取する方法があるが，コア採取位置を工夫することで鉄筋のかぶりを実測し，その結果からコンクリートの誘電率をキャリブレ

ートすることも可能である。このように，他の調査項目との組合せに応じて適切な対応を行うことで精度の良い点検が可能となる。

3)について

非破壊試験による鉄筋位置・かぶりの測定技術としては，超音波法によるかぶりの測定方法や放射線透過法(X線法)による鉄筋位置の測定方法等も開発されているが，測定の実績が少なく，測定精度も十分には把握されていないのが現状である。このため，本マニュアルでは，電磁誘導法あるいは電磁波反射法によってかぶりおよび鉄筋位置の測定を行うことを原則とし，これらの方法以外の非破壊試験方法により測定を行う場合には，使用する機器の操作方法・測定精度等を十分に検討したうえで行うのがよいとした。

4)について

鉄筋位置やかぶりの測定結果は，かぶりコンクリートが何らかの原因により著しく摩耗したり，剥落したりしない限り大きく変化することはない。このため，適切な方法により精度の良い鉄筋位置やかぶりの測定を一度行えば，以降の定期点検においては，当該箇所の測定を省略することができる。したがって，鉄筋位置およびかぶりの測定結果は，適切な方法で記録することにより点検作業を効率的に行うことができる。

4.5.2 判定方法

> かぶりの測定結果は，他の調査項目の調査結果について評価する際に用いる。

解　説

かぶりの測定結果単独で，部材の劣化度の評価を行うことは困難であり，鉄筋近傍での塩化物イオン量を調べる際や中性化残りを算出する際に用いるものとする。

4.6　コンクリートの品質

4.6.1　対象とするコンクリートの品質

> 定期点検で対象とするコンクリートの品質は，圧縮強度と弾性係数とする。

解　説

硬化したコンクリートの品質に関する調査項目は，コンクリートの強度，弾性係

数,透気性(水密性),体積変化,熱的性質や耐火性等がある。コンクリートの強度には,一般的な圧縮強度のほかに,引張り,曲げ,せん断,支圧強度や鉄筋との付着強度および疲労強度がある。圧縮強度は,明確な試験方法があり,その結果から他の強度や硬化したコンクリートの性質を推定することも可能なので,コンクリートの総合的な品質を判断する指標として重視されている。また,弾性係数もコンクリート内部の品質を定性的に表す指標として知られている。

 そこで,定期点検で対象とするコンクリートの品質は,圧縮強度と弾性係数で判断するものとした。非破壊試験の簡便さを重視して,圧縮強度は,反発度法による強度推定および小径コアを用いた強度試験から求め,弾性係数は,超音波伝搬速度により求めることとした。

 反発度法は,測定が簡便で,基準や指針類が策定されている。圧縮強度の推定精度が必ずしも高くないことに留意する必要があるが,コンクリートの品質の大きな異常や,測定部位ごとの強度の相対比較等の目的には十分有効な試験方法である。

 小径コアを用いる方法は,ϕ 25 mm 程度のコアを既設構造物から採取してコンクリート強度を推定する方法である。従来の ϕ 100 mm や ϕ 125 mm の太径コアを採取しコンクリート強度を推定する方法と比較すると,コアを採取することで補修が必要になる点では変わらないが,構造物に与える影響ははるかに小さい。また,小径コアを用いる方法は,本数を増やすことで,一般的に行われている標準コアを用いる手法に近い精度で構造物のコンクリート圧縮強度を測定できる。

 超音波伝搬速度は,コンクリートのような弾性体を伝搬する超音波速度を測定することにより弾性係数を推定する方法である。弾性体を伝搬する超音波の速度は,弾性係数の関数となっており,弾性係数が大きいほど伝搬速度は速くなり,コンクリートの品質が低下し弾性係数が小さくなると伝搬速度が遅くなることから,超音波伝搬速度からコンクリートの品質低下を推定することも可能となる。反発度法(テストハンマー強度)や小径コアを用いた試験による圧縮強度方法は,構造物の表面近傍の調査箇所の影響を受けるが,超音波伝搬速度による方法は,コンクリートのある程度内部の劣化状況を把握できる。

 これらの方法で測定した結果から,構造物に使用されているコンクリートの品質の良否を評価できるが,これは,鉄筋の腐食が始まっているかどうかといった劣化度の判定とは評価軸が異なる。そこで,コンクリートの品質に関する調査方法については,劣化度の判定基準は設けないことにした。

Ⅱ. 定期点検

4.6.2 反発度法によるコンクリート強度推定

1) コンクリートの反発度はリバウンドハンマーを用いて測定する。測定方法は，JIS A 1155「コンクリートの反発度の測定方法」に準拠することを原則とする。
2) 反発度法によるコンクリートの圧縮強度の推定は，反発度と圧縮強度の換算式を用いて行う。

解　説

1)について

　リバウンドハンマーを用いてコンクリート表面の反発度を測定し，その結果からコンクリートの圧縮強度を簡易に推定する方法(以下，反発度法という)は，世界中で広く実用化されて，多くの規準類が策定されている。我が国でも土木学会規準(JSCE-G 504-1999)，日本建築学会の『コンクリート強度の推定のための非破壊試験方法マニュアル』のほか，日本材料学会の指針案や東京都建築材料検査所の試案等がある。必要に応じてこれらの規準類も参考にされたい。

　反発度法は，簡易に実施できることから広く用いられているが，その強度推定精度は必ずしも高くない。しかし，コンクリートの品質に大きな異常が生じていないかどうか確認をする，あるいは測定個所ごとの比較を行うといった目的に対しては，十分有効な試験方法である。実施に当たっては，以下に述べるように測定装置，測定箇所の選定，測定準備，測定方法，強度の推定に特に留意する必要がある。また，**付属資料-5　反発度法を用いた強度の推定について**(p.182)も参考にされたい。

① 測定装置
- リバウンドハンマーは，多数回打撃した後や，長期間使用しなかった場合等にバネの硬さや内部の摩擦等が変化し，正しい測定結果が得られなくなっているおそれがあるので，測定装置の製造者等によって正しく較正されたものを使用する。
- 測定を行う前は，テストアンビル(検定器)を打撃して，正しく調整されているかを確認する[注]。

　　[注] 本マニュアルを作成するに当たって，国内で使用されているリバウンドハンマーの性能比較を行った結果，正しく調整されていない測定装置を用いると，得られる反発度が大きく変わることが確かめられた。また，

従来から用いられているテストアンビル(反発度 80 程度)を用いた点検では，測定装置の整備状態の良否を正しく判定できない場合もあることがわかった。したがって，リバウンドハンマーの整備の際は，低反発度型テストアンビル(反発度 30 ～ 50 程度)を併用した点検を行うことが望ましい。しかし，この低反発度型テストアンビルは，現在一般には販売されていないことから，従来型と低反発度型の 2 種類のテストアンビルを併用して整備を行うことができるような信頼できる機関に依頼して整備を行うことが推奨される。

② 測定箇所の選定
- 測定面がリバウンドハンマーの打撃力によって動くと測定結果に影響があるので，厚さ 10 cm 以下の部材や，一辺が 15 cm 以下の小寸法部材，および支間の長い部材は避ける。やむを得ず測定する時は，背後からその部材を強固に支持する。
- 背後に支えのない薄い床版等では，なるべく固定辺や支持辺に近い箇所を選定する。
- 梁では，その側面または底面で測定する。
- 測定値は，打撃面のごく限られた部分のコンクリートの品質の影響を受けるので，測定面は，なるべくせき板に接していた面で，表面組織が均一でかつ平滑な箇所を選定する。
- 測定面にある豆板，空隙，露出している砂利等の部分は避ける。
- 漏れたり，湿ったりしているコンクリートで反発度を測定すると，気乾状態で測定したの場合と比較して小さい反発度が得られることがわかっているが，含水状態と反発度との関係は十分に明らかになっていない。そのため，測定面は，乾燥した面を選定することを原則とする。

③ 測定準備
- 測定面にある凹凸や付着物は，砥石で平滑に磨いてこれを除き，粉末その他の付着物を拭き取る。
- 仕上げ層や上塗りのある場合にはこれを除去し，コンクリート面を露出させ上記の処理後に測定する。

④ 測定方法
- リバウンドハンマーの内部のバネの力で一定の衝撃が加わるようにゆっくり

Ⅱ．定期点検

と打撃する。
- 打撃は常に測定面に垂直方向に行う。
- 1個所の測定は，縁部から5 cm以上入った所で行い，互いに3 cm以上の間隔を持った9点以上[注]について測定し，全測定値の算術平均をその箇所の測定反発度(R)とする。ただし，特に反響やくぼみ具合等から判断して明らかに異常と認められる値，または，その偏差が平均値の±20％以上になる値があれば，その測定値を捨て，これに代わるものを補ってから平均値を求める。
- 圧縮強度推定のための基準反発度(R_0)は，打撃方向やコンクリートの状態等に応じて，測定反発度を補正して得るものとする。
  [注] 管理者によっては，独自の規準を定めている場合があり，特に測定点数や異常値の排除方法については上記と異なっている場合があるので，それに従って実施すること。

2)について

反発度法でコンクリートの圧縮強度を推定する場合，既成の換算式を用いた方法では，必ずしも適切な推定が行えない場合がある。したがって，より正確に圧縮強度を推定したい場合は，コアを採取しての圧縮強度試験を併用して，調査箇所ごとに換算式を設定するのが確実である。しかし，定期点検では構造物に与える損傷を最小限にする事が前提であり，コアを採取して推定の精度を高めようとすることは定期点検の主旨とは合致しない。そこで，定期点検では既成の換算式に準拠して圧縮強度を推定することとした。

反発度と圧縮強度の関係式には多くの提案があるが，国内では式4.4に示す日本材料学会の提案式(以下，材料学会式)が用いられることが多い。しかしながら，材料学会式には，以下のような問題点もある[25]。

① 材料学会式の策定時と現在では，リバウンドハンマーの仕様(ハンマーの質量，スプリングのバネ定数等)が若干異なっている。しかし，仕様が異なることによる測定結果への影響は明確ではない。

② 材料学会式の策定時と現在では，コンクリートに使用されている材料(セメント，混和剤等)やコンクリートの配合(高流動コンクリート，高強度コンクリート等)が異なる場合がある。しかし，材料・配合の違いによる測定結果への

4. 定期点検方法

影響は明確ではない。

なお，取扱い説明書等には，コンクリートの材齢に合わせた補正係数(材齢係数,DIN等を根拠とする)が記載されている場合がある。しかし，本マニュアルの策定にあわせて既設構造物の調査を行ったところ，補正係数を用いた推定結果は採取コアの圧縮強度に比べて著しく低い値となる場合が多く，推定の精度も向上しなかった。この理由は必ずしも明らかではないが，ほかにも補正係数を用いない方がよりよい推定結果が得られる調査結果[26)]もあるので，本マニュアルでは，材齢に応じての補正係数を適用しないことを推奨する。

$$F = -18.0 + 1.27 \times R_0 \tag{4.4}$$

ここで，F ：推定強度(N/mm^2)

R_0 ：基準反発度($= R + \triangle R$)

R ：測定反発度,

$\triangle R$：補正値(打撃角度，含水状態等により測定反発度を補正する)。

打撃方向が水平でなかった場合の補正値の例を**図解-4.3**に示す。

なお，測定面の含水状態による補正値は確立されていないのが現状であり，測定装置のマニュアル等に従って適切に設定するものとする。

反発度の測定値	打撃方向に対する補正値			
	$+90°$	$+45°$	$-45°$	$-90°$
10	—	—	+2.4	+3.2
20	−5.4	−3.5	+2.5	+3.4
30	−4.7	−3.1	+2.3	+3.1
40	−3.9	−2.6	+2.0	+2.7
50	−3.1	−2.1	+1.5	+2.2
60	−2.3	−1.6	+1.3	+1.7

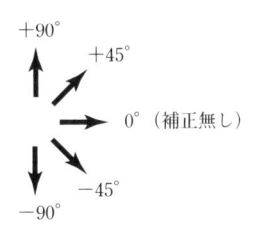

図解-4.3　打撃方向による反発度測定結果の補正値

4.6.3 小径コアを用いた圧縮強度試験

> 1) 定期点検でも詳細にコンクリートの圧縮強度を調査する必要がある場合には，小径コアを用いた圧縮強度試験を行うとよい。
> 2) ϕ 30 mm 以下の小径コアで圧縮強度試験を行う場合は，一定の方法で行わないと誤差を生じやすいので，これに精通した技術者が行う必要がある。

解　説

1)について

　従来から行われているコア試料を用いた圧縮強度試験では，一般に粗骨材最大寸法の3倍以上の径を持つ試料を採取するものとされており，粗骨材最大寸法20 mm，25 mmの場合にはϕ 100 mmのコア，粗骨材最大寸法40 mmの場合にはϕ 125 mmのコアが必要となる(ただし，一般には粗骨材最大寸法40 mmの場合にも，ϕ 100 mmのコアが用いられることが多い)。しかし，ϕ 100 mmのコア試料を調査箇所当り3本採取して試験すると，構造物に与える影響が大きい。また，部材によっては鉄筋を傷つけずにϕ 100 mmのコアを採取することが困難な場合もある。そこで，本マニュアルでは，定期点検としてコアを採取して圧縮強度試験を行う場合には，小径コアを用いることを推奨する。

　本マニュアル策定に当たって実構造物から採取した小径コアの圧縮強度試験を行ったので，その結果を**表解-4.9**に示す。また，土木研究所・銭高組・前田建設工業・日本国土開発の共同研究『小径コアを用いたコンクリート構造物の品質評価に

表解-4.9　小径コアによる圧縮強度試験実施例[27]

構造物	調査箇所	粗骨材最大寸法 (mm)	コア径 (mm)	小径コアの圧縮強度試験結果				近傍で採取した標準コアの圧縮強度試験結果(N/mm²)
				試料数	平均値 (N/mm²)	標準偏差 (N/mm²)	変動係数 (%)	
K橋	A	40	22	6	47.7	8.4	17.6	57.3
			25	6	65.7	6.2	9.4	
	B		22	8	54.2	6.4	11.8	51.2, 48.2
			25	7	62.6	6.4	10.3	
A橋	A	40	21	9	60.0	6.2	10.3	56.7
			25	6	66.9	6.7	10.1	
	B		21	12	63.6	14.5	22.8	68.8, 63.5
			25	12	69.3	12.6	18.2	

表解-4.10 標準コア・小径コアによる圧縮強度試験実施例[28]

構造物	粗骨材最大寸法 (mm)	コア径 (mm)	小径コアの圧縮強度試験結果			
			試料数	平均値 (N/mm^2)	標準偏差 (N/mm^2)	変動係数 (%)
W橋	20	100	6	30.8	3.4	10.9
		25	49	33.5	5.6	16.8
X橋	20	100	9	35.3	2.6	7.1
		25	37	34.1	4.3	12.6
Y擁壁	40	100	5	31.7	4.2	13.2
		25	16	28.1	5.2	18.5

関する研究』で実施された調査の結果を**表解-4.10**に示す。ϕ 100 mm の標準コアの圧縮強度試験結果に着目すると，そのばらつきは変動係数で 7～13 %であった。これに対し小径コア（ϕ 25 mm）の圧縮強度試験結果のばらつきは，変動係数で 9～19 %程度であった。

そこで，コンクリートの圧縮強度を 30N/mm²，標準コア（ϕ 100 mm）の圧縮強度試験結果の変動係数を 10 %とすると，標準コア 3 試料の平均圧縮強度は 30 ± 7.5N/mm² の範囲でばらつくものと推定される（信頼係数 0.95 の場合の信頼区間）。これに対し，小径コア（ϕ 25 mm）の圧縮強度試験結果の変動係数を 15 %とすると，小径コア 4 試料の平均圧縮強度のばらつきの範囲は，30 ± 7.3 N/mm² と推定される。すなわち，小径コアを 4 試料用いることで，標準コア 3 試料と同程度の精度が得られると考えられる。

なお，これらの実験結果では，小径コアを用いた場合の圧縮強度が標準コアよりも高い場合もあれば低い場合もあり，その大小関係は明確ではない。

2)について

小径コアによるコンクリート強度測定は寸法が小さい分，コア採取後の養生やコアの成形（端面カット，キャッピング），使用する試験装置，載荷方法等の影響を受けやすいため，注意が必要である。なお，ϕ 15～30 mm の小径コアを使用したコンクリート強度の推定方法には，特許（特許第 3067016）があり，ソフトコアリング協会が特許の実施権を有している。

4.6.4 超音波伝搬速度

> コンクリート中の超音波伝搬速度の測定は，P波を用いた対称法で行うことを原則とする。

解　説

　弾性体を伝搬する超音波の速度は，弾性係数の関数となっており，ポアソン比および密度が同一であれば，弾性係数が大きいほど伝搬速度は大きくなる。コンクリートの品質が低下し弾性係数が小さくなると，伝搬速度が低下する。したがって，コンクリート中の超音波伝搬速度を測定することにより，コンクリートの品質の低下がある程度判断することができる。ただし，このような判定を行うためには，コンクリートが十分に健全な時点から，定期点検が行われるたびに測定を行って測定結果の変化を見る必要がある。

　超音波伝搬速度の測定方法は，発信側探触子と受信側探触子の配置方法により分類できるが，対称に配置する対称法が最も精度良いとされている[29]。同一表面に両探触子を配置する表面法では，特に配置間隔が狭い場合，精度良く測定できないとされているので注意を要する。

参考文献

1) 土木研究所橋梁研究室：橋梁点検要領(案)，土木研究所資料第 2651 号，1988.7.
2) 日本道路協会：道路橋示方書・同解説，Ⅲコンクリート橋編，p.172，2002.3.
3) 土木研究所：既存コンクリート構造物の実態調査結果－1999 年調査結果－，土木研究所資料第 3854 号，p.126，2002.3.
4) 土木学会：2001 年制定コンクリート標準示方書[維持管理編]，pp.83-84，2001.
5) 土木学会：2001 年制定コンクリート標準示方書[維持管理編]，pp.99-100，2001.
6) 日本コンクリート工学協会：コンクリートのひび割れ調査，補修・補強指針，2003.
7) 日本コンクリート工学協会：コンクリート診断技術' 03，基礎編，pp.109-112，2003.1.
8) 土木研究所，日本構造物診断技術協会：コンクリート構造物の健全度診断技術の開発に関する共同研究報告書－コンクリート構造物の非破壊検査マニュアル－，共同研究報告書第 106 号，pp.75-94，1994.7.
9) 土木研究所，日本構造物診断技術協会：コンクリート構造物の健全度診断技術の開発に関する共同研究報告書－コンクリート構造物の非破壊検査マニュアル－，共同研究報告書弟 106 号，pp.15-52，1994.7.
10) ASTM V876-87 ：Half-Cell Potentials of Uncoated Reinforcing Steel in Concrete，1980.
11) British Standard 7361 ：Part 1，Section 5，Reinforcing steel in concrete.
12) 宮川，井上，小林，藤井：コンクリート中の鋼材腐食の非破壊検査手法と劣化診断について，コンクリート構造物の耐久性診断に関するシンポジウム論文集，p.85-90，1988.5.
13) 片岡国牢：自然電位法による最新非破壊検査技術の紹介，配管と装置，Vol.8，1992.
14) 古賀裕久，松浦誠司，河野広隆：硬化コンクリート中の塩化物イオン量測定の測定過程における誤差と個人差，土木学会年次講演概要集，2003.9.
15) 松浦誠司，古賀裕久，田中秀治，河野広隆：ドリル削孔粉による塩化物イオン量測定における試料採取方法の影響，土木学会年次講演概要集，2003.9.
16) 伊藤始，水川靖男，野永健二，佐原晴也：小径コアによる塩化物イオン量の測定方法に関する研究，コンクリート工学年次論文集，Vol.24，No.1，pp.1665～1670，2002.6.
17) 土木学会：2002 年制定コンクリート標準示方書[施工編]，pp.24-28，2002.3.
18) 土木研究センター：塩害を受けた土木構造物の補修指針(案)，建設省総合技術開発プロジェクトコンクリートの耐久性向上技術の開発(土木構造物に関する研究成果)，pp.57-78，1989.5.
19) 日本コンクリート工学協会：コンクリート診断技術' 03，基礎編，pp.154-157，2003.1.
20) 土木学会：2002 年制定コンクリート標準示方書[施工編]，pp.22-24，2002.3.
21) 和泉意登志，押田文雄：経年構造物におけるコンクリートの中性化と鉄筋の腐食，日本建築学会構造系論文報告集，No.406，pp.1-12，1989.12.
22) 土木研究所：既存コンクリート構造物の実態調査結果－1999 年調査結果－，土木研究所資料第 3854 号，pp.83-88，2002.3.
23) 土木学会：2002 年制定コンクリート標準示方書[施工編]，pp.79，2002.3.
24) 土木研究所，日本構造物診断技術協会：コンクリート構造物の健全度診断技術の開発に関する共同研究報告書－コンクリート構造物の非破壊検査マニュアル－，共同研究報告書第 106 号，pp.57-70，1994.7.
25) 古賀裕久：テストハンマーによる強度推定調査について－強度の高いコンクリートへの適用－，建設技術Ｑ＆Ａ，土木技術資料，Vol.44，No.11，2002.11.
26) 阿部久雄，豊福俊泰，前田敏也：テストハンマーによるコンクリート強度推定法の研究，土木学会第 51 回年次学術講演会，pp.1170-1171，1996.9.
27) 土木研究所，日本構造物診断技術協会：コンクリート構造物の鉄筋腐食診断技術に関する共同研究報告書－実構造物に対する適用結果－，共同研究報告書第 269 号，pp.125-130，210-221，1994.7.
28) 佐原晴也，森濱和正，野永健二，渡部正：小径コアによる実構造物コンクリート圧縮強度の推定，土木

Ⅱ. 定期点検
学会年次講演概要集, 2003.9.
29) 日本コンクリート工学協会：コンクリートの非破壊試験法研究委員会報告書, pp.22-31, 1992.3.

III. 詳細調査

1. 詳細調査の概要

1.1 一　　般

> 1) 詳細調査は，定期点検等により一定の変状が認められた場合に実施することを原則とする。
> 2) 詳細調査では，まず予備調査を行って構造物の劣化原因を推定したうえで，必要な詳細試験調査を実施する。
> 3) 詳細調査結果から構造物の健全度を評価し，それを補修の必要性を判断する資料とする。

解　説

1)について

詳細調査は，定期点検により一定の変状が認められ，詳細調査が必要であると判断された構造物を対象に実施する。

2)について

詳細調査においては，まず，予備調査として資料調査および詳細目視調査を実施し，当該構造物に変状が発生した原因の推定を行う（変状が発生した原因としては劣化以外にも，損傷や初期欠陥等が考えられるが，本マニュアルでは，鋼材腐食に

Ⅲ. 詳細調査

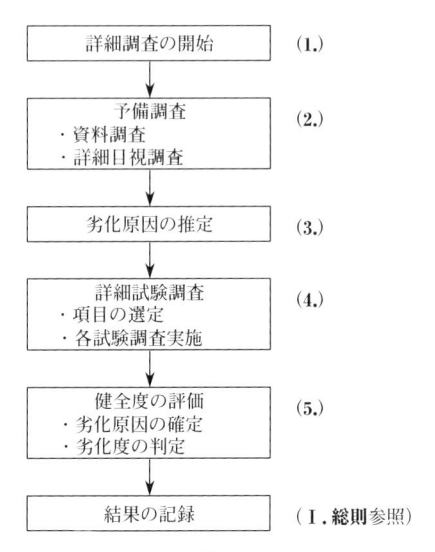

```
詳細調査の開始    (1.)
    ↓
予備調査        (2.)
・資料調査
・詳細目視調査
    ↓
劣化原因の推定    (3.)
    ↓
詳細試験調査     (4.)
・項目の選定
・各試験調査実施
    ↓
健全度の評価     (5.)
・劣化原因の確定
・劣化度の判定
    ↓
結果の記録      (Ⅰ.総則参照)
```

図解-1.1　詳細調査の実施フロー

よる劣化を主な対象としているので，劣化原因と呼ぶ)。次に，推定した劣化原因に応じて詳細試験調査項目を選定し，調査を実施する。

図解-1.1に標準的な詳細調査の実施手順を示す。

3)について

詳細調査の目的は，構造物の劣化原因を判定するとともにその健全度を評価することにより，補修の要否や適用すべき補修方法の選択の根拠を得ることである。詳細目視調査の結果や詳細試験調査として実施した調査の結果を踏まえ，劣化原因の確定および構造物の健全度評価を行って結果を記録し，補修の要否を判断するための資料とする。

1.2　調査箇所

1) 詳細調査は，定期点検等により変状が認められた箇所を中心に，適切な調査範囲で行う。
2) 詳細試験調査として行う破壊試験は，部材の中でも耐荷性能や耐久性に影響を与えにくい箇所を選定して行うことを原則とする。

解　説

1)について

　詳細調査として実施する調査には，調査のためにϕ 100 mm程度のコア試料を採取したり部分的に鉄筋をはつりだしたりする破壊試験も含まれている。破壊試験を行うことで，構造物の状態についてより正確な情報を得ることができるが，同時に構造物を傷つけてしまうことから，実施できる箇所数や調査箇所は限られる。そこで，調査箇所を選定する際には，特に著しい劣化・損傷が見られた場所を中心に行うものとした。ただし，詳細目視調査や鉄筋位置かぶりの測定等**I.総則**の**表解-4.1**(p.33)で区分Aに分類されるような非破壊試験は，構造物の重要性や調査にかかる費用等を考慮したうえで，なるべく広範囲に行うのがよい。

　なお，構造物の中でも特に変状が著しい箇所と健全な箇所が混在している場合には，両者を比較することによって劣化原因や劣化の程度がより明確になることが期待されるので，変状部・健全部の双方で調査箇所を選定するのがよい。

2)について

　詳細調査として破壊試験を行う場合には，その調査のために構造物中のコンクリートと鉄筋に損傷を与えてしまうおそれがある。また，コア採取跡等の補修が適切に行われなければ，構造物の耐久性に影響を与えるおそれがある。そこで，不要なリスクを避けるために，部材の中で応力上問題となりにくい箇所を選定して調査を行うのがよい。

　ただし，部材の中で特に応力上問題となりそうな箇所に変状が集中している場合は，この限りではない。この場合は，劣化原因の推定や調査方法の選定を慎重に行ったうえで，必要な調査を実施しなければならない。

III. 詳細調査

2. 予備調査

2.1 一　　般

> 1) 予備調査は，構造物の変状の程度を把握するとともに，その劣化原因の推定を行い，詳細試験調査として実施する調査項目や調査方法を選定するための資料を得るために行う。
> 2) 予備調査は，資料調査と詳細目視調査から構成される。

解　説

1)について

　コンクリート構造物の詳細試験調査の規模を決定したり，調査箇所や試験調査項目の絞り込みを行うためには，構造物の変状の程度を把握するとともに，構造物の劣化原因をあらかじめ推定しておくことが必要である。この点を曖昧にしたまま試験調査を実施した場合，補修の要否を検討する際に必要な調査結果が得られていなかったり，余分な試験を実施して調査のコストを増大させたり，構造物に余分な損傷を与えることになりかねない。したがって，詳細試験調査を適切な規模で円滑に実施するためには，予備調査を行って調査する構造物の概要を把握しておく必要がある。

2)について

　コンクリート構造物に使用されている材料や設計の細部は，構造物の種類や竣工年代によって異なっている。したがって，構造物の施工記録や設計図書，日常点検結果等の文書資料を調査することによって，劣化原因を絞り込むことができる場合がある。また，コンクリートに生じるひび割れパターンは，総じてひび割れの発生原因を反映したものとなるため，詳細目視調査によってひび割れ状況やパターンを把握しておけば，構造物の劣化原因をおおよそ推定することが可能である。コンクリートに発生するひび割れは，①荷重作用によるもの，②コンクリートの膨張収縮が拘束されることによる内的な応力，③鉄筋腐食による局所応力が原因となって生じるもの，に大別できる。

　例えば，荷重作用等によって生じるひび割れは，設計時に想定された荷重条件な

どから，どの位置に生じやすいかおおむね予想しうるものである。構造物に発生している ひび割れの状況が予想されたひび割れ発生箇所や方向性と一致していれば，荷重作用によるひび割れであると可能性が高い。荷重作用により生じたひび割れの幅や密度が過大なものであれば，設計時に想定した以上の荷重が作用したことが考えられ，補修だけではなく何らかの補強が必要となる場合がある。一方，荷重作用により想定されるひび割れ発生状況と一致しない場合は，使用材料や環境条件等がひび割れの発生原因となったものと考えられる。

また，コンクリート表面に生じているひび割れ等の変状が発生した時期も，原因を推定するうえで有力な情報となる。構造物竣工後，比較的短期間に発生したものは，①荷重条件によるもの，②硬化前のコンクリートの沈下によるもの，③温度応力や乾燥収縮によるもの，④練混ぜや打込みといった施工上の問題に起因するもの，であることが多い。

2.2 予備調査方法

2.2.1 資料調査

> 調査対象のコンクリート構造物の建設時，補修・補強時における設計・施工記録，および構造物立地地点の環境条件に関する資料の収集を行う。

解 説

対象構造物の設計施工時の記録や適用された規準類等の調査をあらかじめ十分に行っておくことにより，構造物に生じた変状の原因を推定するための手がかりを得ることができる。劣化原因に応じた効率的な詳細試験調査を行うためにも，十分な資料調査が必要である。

Ⅲ．詳細調査

調査番号： 　　地建一　　番

調査年月日	年　　　月　　　日（　　）
担当事務所	地方建設局　　　　　　事務所
調査担当者	課
連絡先	ＴＥＬ　　　　　　　　　　（内線　　　　）
構造物名	
所在地	
路線名・河川名	

位置	起点からの距離　　　　　　km
構造物形式	
構造物寸法	高さ　　　m×幅　　　m×奥行　　　m
竣工年	
適用仕様書	
コンクリートの設計基準強度	N/mm^2
点検の有無およびの点検内容	有、無　最新点検　　　年　　月 点検評価内容：
補修の有無および補修内容	有、無　最新補修　　　年　　月 補修内容：
海岸からの距離	海上、海岸沿い、海岸から　　　km
周辺環境①	工場、住宅・商業地、農地、山地、その他（　　　　）
周辺環境②	普通地、雪寒地、その他（　　　　　　　　　　　　）
凍結防止剤の使用	有、無　年間　　　日程度
直下周辺環境	河川・海、道路、その他（　　　　　　　　　　　　）
標高	海抜　　　m
	構造物位置図（1／50000を標準とする） 添付しない場合は （別添資料－○参照）と記入し、資料提出

図解-2.1　資料調査の一例[1]

2.2.2 詳細目視調査
(1) 調査方法

> 調査対象のコンクリート構造物に近接して目視調査を実施し，構造物の現況を把握する。

解　説

詳細目視調査は，構造物に近接しての目視調査を基本とする。また，可能な範囲で打音調査も実施するとよい(調査方法は，**Ⅱ．定期点検**参照)。調査結果は，図面上にスケッチし，代表的な変状箇所については写真撮影を行う。詳細目視調査で把握すべき項目と調査方法を**表解-2.1**に示す。

表解-2.1　詳細目視調査で把握すべき項目と調査方法

調査項目		調査方法	劣化原因の推定に有効	劣化程度の評価に有効
ひび割れ	ひび割れのパターン，発生方向，本数	目視，写真，ビデオ	○	○
	ひび割れ幅	写真，ビデオ，クラックスケール，計測顕微鏡	○	△
	ひび割れ幅の変動	コンタクトゲージ，各種変位計	○	△
	ひび割れ部の段差	スケール	△	○
	ひび割れの長さ	写真，ビデオ，スケール	△	○
浮き，剥離		点検ハンマー	○	○
剥落，鉄筋露出		目視，写真，ビデオ	○	○
錆汁		目視，写真，ビデオ	○	○
遊離石灰，エフロレッセンス		目視，写真，ビデオ	○	△
スケーリング，ポップアウト等		目視，写真，ビデオ	○	○
構造物の沈下，傾斜，移動等		目視，写真，ビデオ，スケール	○	○

注)　○は，劣化原因の推定・劣化程度の評価に有効な調査項目である。△は，場合によって劣化原因の推定・劣化程度の評価に有効な調査項目である。

Ⅲ. 詳細調査

（2）評価方法

　　詳細目視調査の結果は，観察された変状の種類・程度に応じて**表-2.1**に示す5段階の外観変状度で評価する。

表-2.1　詳細目視調査結果による外観変状度

損傷状況	外観変状度
コンクリートの断面欠損が認められ，内部の鋼材の露出や破断が認められる場合	Ⅰ
ひび割れ，錆汁，剥離，あるいは剥落が連続的に認められる場合	Ⅱ
ひび割れ，錆汁，剥離，あるいは剥落が部分的に認められる場合	Ⅲ
ごく軽微なひび割れや錆汁が認められる場合	Ⅳ
コンクリート表面に変状が認められない場合	無

解　説

　詳細目視調査の結果は，主に外観に現れる鋼材腐食の兆候から『塩害を受けた土木構造物の補修指針(案)』[2]を参考に評価することとした。なお，**表-2.1**は文献2)のものとほとんど同一であるが，本マニュアルの用語にあわせて表現を若干変更した。評価例を**写真-2.1～-2.6**に示す。

写真-2.1 外観変状度Ⅰの事例

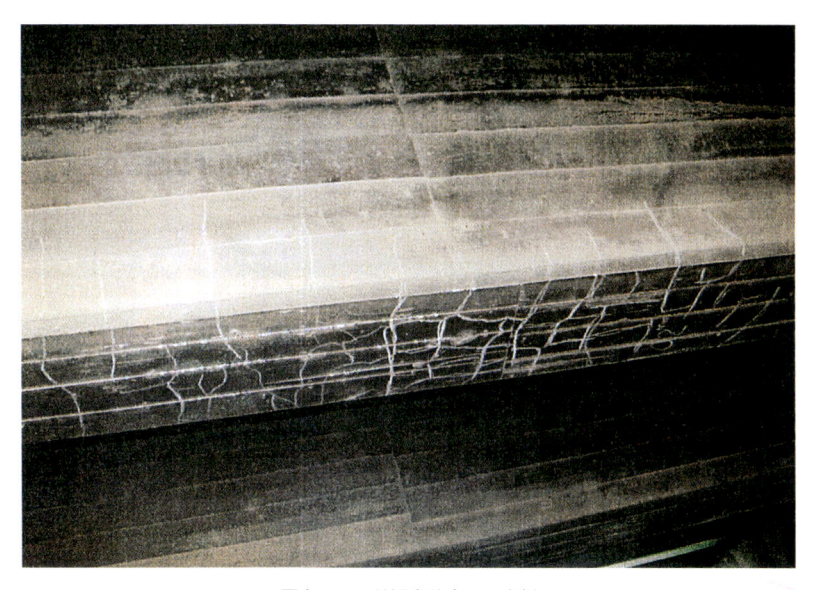

写真-2.2 外観変状度Ⅱの事例

Ⅲ. 詳細調査

写真-2.3　外観変状度Ⅲの事例

写真-2.4　外観変状度Ⅲの事例

写真-2.5　外観変状度Ⅲの事例

写真-2.6　外観変状度Ⅳの事例

Ⅲ. 詳細調査

3. 劣化原因の推定

3.1 推定方法

> 1) 予備調査の結果と各劣化原因の特徴を照らし合わせて，劣化原因を推定する。
> 2) 劣化原因を①塩害，②中性化，③アルカリ骨材反応，④凍害，⑤その他に分類して推定を行う。
> 3) 複数の劣化原因が考えられる場合には，予想される劣化原因を複数選択する。
> 4) 劣化原因の最終的な確定は，**5. 健全度の総合評価**に基づくものとする。

解　説

1)，2)について

詳細試験調査の方法や規模等の調査計画を立案するに当たって，劣化原因をあらかじめ推定する必要がある。ここでは，コンクリート構造物の典型的な劣化現象である①塩害，②中性化，③アルカリ骨材反応，④凍害が生じている可能性について推定することとした。①～④の劣化原因によって生じる構造物表面の変状には，各原因ごとの外観上の特徴がある。外観上の特徴や生じやすい環境条件等を **3.2 劣化原因の特徴と推定** に示したので，これを参考に劣化原因を推定するとよい。

ただし，予備調査の結果から劣化原因が特定できない場合や対象構造物が特殊な環境に置かれている場合，上記①～④以外の劣化原因が考えられる場合等には，劣化原因を⑤その他と推定する。

3)について

構造物に劣化が生じた原因は必ずしも1つに限定されるものではなく，場合によっては2)の①～④に示した劣化原因のうち複数のものが影響していることもある。したがって，劣化原因の推定に当たっては，複数の原因の影響下にあることを見落とさないよう十分に注意して推定しなければならない。

また，構造物や周辺環境の条件によっては，2つ以上の劣化原因が相互に作用して劣化が著しいものとなる複合劣化のおそれもあると考えられている。例えば，コ

ンクリート中に塩化物イオンが含まれている構造物で，表面からの中性化が進むと，セメント水和物に固定されていた塩化物イオンが解離・移動し，より鋼材に近いコンクリート内部の未中性化領域に濃縮するので，塩害による鉄筋の腐食開始が早まるとも考えられている[3]。

しかし，複合劣化については，劣化度の評価方法や予測方法がまだ確立されていないことから，本マニュアルでは，考えられる劣化原因ごとに必要な詳細試験調査を実施し，健全度の評価を行うことにした。

4)について

詳細試験調査を行う場合，予備調査によってあらかじめ劣化原因を推定しておく必要があるが，各種詳細試験調査を実施した結果から推定される劣化原因があらかじめ推定したものと一致するとは限らない。この場合は，詳細試験調査の結果を重視し，これによる劣化原因の判定と健全度の診断を優先させることとした。

3.2 劣化原因の特徴と推定

3.2.1 塩　　害

> 構造物環境条件や建設時期などからコンクリート中の塩分量が多くなると考えられる構造物で，鋼材の腐食が確認される場合，塩害による劣化が生じている可能性を疑う。

解　説

塩害によるコンクリート構造物の劣化は，コンクリート中の鋼材の近傍に含まれる塩化物イオンが一定以上の濃度に達した際に，鋼材表面の不動態皮膜が破壊され鋼材の腐食環境が形成されることで始まる。その後，鋼材が腐食して錆が生成する時の膨張圧によってかぶりコンクリート部にひび割れが発生したり，剥離・剥落が生じたりして，さらに劣化が進行する。

コンクリート中に塩化物イオンが含まれる原因としては，除塩が不十分な海砂の使用や塩分を多く含んだ混和剤の使用等による内的塩害，海からの飛来塩分あるいは融雪剤・凍結防止剤として路面に散布された塩分がコンクリートの表面から侵入したことによる外的塩害の2種類がある。

内的塩害については，1986年にフレッシュコンクリートの塩分量に関する規制が定められ[4]，また，これを簡易に試験できる塩分計が開発されたので，1987年以

Ⅲ. 詳細調査

降に建設された構造物では危険性は小さい[**Ⅱ. 定期点検　図解-2.1**(p.21)参照]。これに対し，1986年よりも前に建設されたすべての構造物で内的塩害の可能性が高いわけではないが，特に細骨材として海砂が使用された地域・建設時期の構造物については，一度は内的塩害の可能性について検討するのがよい。

一方，**表解-3.1**で周辺環境が"厳しい"または"やや厳しい"とされる地域に位置する構造物は，外的塩害により劣化するおそれがある。

なお，外観に現れる変状は，内的塩害，外的塩害にかかわらず同一である。塩害による損傷状況を**写真-3.1～3.6**に示す。

表解-3.1　地域区分

周辺環境	地域	『道路橋示方書』における対策区分[*1]
厳しい	海からの飛来塩分の影響が大きいと考えられる地域，または融雪剤・凍結防止剤(塩化カルシウム，塩化ナトリウム)が年間で30日以上散布される地域[*2]	SまたはⅠ
やや厳しい	上記以外で，海からの飛来塩分の影響があると考えられる地域，または融雪剤・凍結防止剤[*2](塩化カルシウム，塩化ナトリウム)が散布される地域	ⅡまたはⅢ
普通	上記のいずれにもあてはまらない地域	影響地域外

[*1] 『道路橋示方書・同解説　Ⅲコンクリート橋編』(平成14年版)の表-5.2.2「塩害の影響地域」[5]での対策区分を指す。
[*2] ただし，融雪剤・凍結防止剤は，通常，路面に散布されるので，構造物の種類や部位によってその影響を受けやすい箇所とそうでない箇所がある。

3.2.2　中性化

> 特に塩化物の供給が考えにくい環境のもとで，鉄筋のかぶりが小さいと考えられる箇所に腐食の発生が認められた場合，中性化による劣化が生じている可能性を疑う。

解説

中性化によるコンクリート構造物の劣化は，コンクリート構造物中に侵入した炭酸ガスがコンクリート表面からかぶりコンクリートを中性化させることにより鋼材表面の不動態皮膜が破壊され鋼材が腐食しやすい環境が形成されることで始まる。その後，鋼材が腐食して錆が生成する時の膨張圧によってかぶりコンクリート部にひび割れが発生したり，剥離・剥落が生じたりして，さらに劣化が進行する。

中性化が最も進行しやすい環境条件は，コンクリートの内部にある程度の水分を含んだ状態で，コンクリート表面が乾燥しやすい場合である。このため，構造物の北向きの面よりも南向きの面の方が中性化が進行しやすいと考えられている[6]。

ただし，コンクリートの品質が良く，かぶりが適切に確保されていれば，中性化による劣化が生じる可能性は小さい。例えば，土木学会の『コンクリート標準示方書』では，普通ポルトランドセメント使用，コンクリートの水セメント比50％以下，かぶり30 mm以上の3条件が満たされていれば，中性化に関する設計時の照査を行う必要がないとしている[6]。実構造物の中性化による劣化は，何らかの理由でかぶりが極端に薄くなった配筋不良の箇所で見られる場合が多い。

なお，特に塩化物の供給が考えにくい環境とは，前出の**表解-3.1**で周辺環境が"普通"の地域と考えてよい。中性化による損傷状況を**写真-3.7 ～ 3.9**に示す。

3.2.3 アルカリ骨材反応

> コンクリートにアルカリ骨材反応に特有なパターンを持つひび割れや，ひび割れ部分からのゲルの滲出等が認められ，コンクリート表面が局所的に水で濡れたような色を呈する場合には，アルカリ骨材反応によるによる劣化が生じている可能性を疑う。

解 説

アルカリ骨材反応は，骨材中の反応性鉱物とセメントに含まれるアルカリ金属イオンが反応し，吸水膨張性の反応ゲルが生成することにより生じる。コンクリートが膨張することによりかぶりコンクリート部にひび割れが発生するが，この時，鉄筋量の少ない構造物では無秩序な亀甲状のひび割れパターンとなり，鉄筋量が多い構造物やプレストレストコンクリートでは，主鉄筋(PC鋼材)に沿ったひび割れとなりやすい(**図解-3.1**)。また，反応とゲルの膨潤に水を必要とすることから，同一の構造物の中でも雨水の流下経路になっている場所等の水分の供給が多い箇所でひび割れ等の変状が目立つことが多い。

アルカリ骨材反応の発生は，骨材やアルカリ量の多いセメント，コンクリートの配合等，使用されたコンクリートそのものに原因があるので，類似のコンクリートが用いられた構造物では同様な劣化が発生している可能性がある。したがって，同時期に建設された周囲の構造物の劣化状況を調査することも有効である。

Ⅲ. 詳細調査

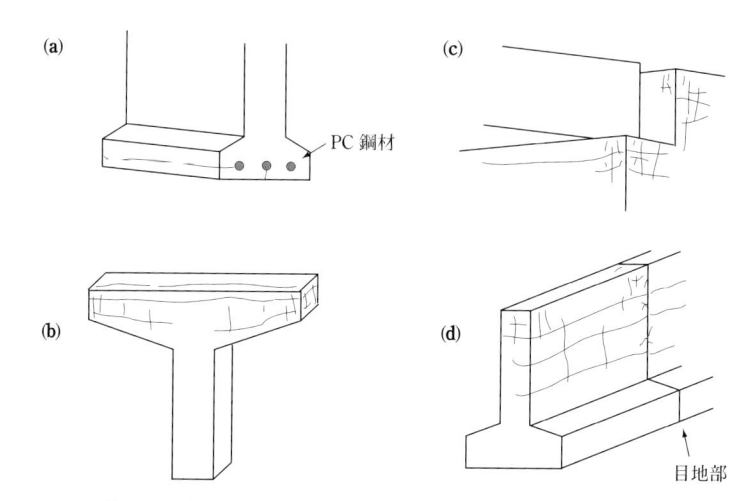

(a) プレストレスト桁では，プレストレスト力と同方向に水平なひび割れが発生する。
(b) T型橋脚では，天端付近に水平方向のひび割れが発生しやすい。また，隅各部に幅の大きなひび割れが発生することが多い。
(c) 橋台では，雨水の流下経路となる側面に無秩序なひび割れが発生しやすい。
(d) 擁壁では，無秩序なひび割れが発生するが，水平方向のひび割れがやや目立つ場合が多い。また，膨張したコンクリートが押し合った結果，目地部で局部的に変状が著しいことも多い。

図解-3.1　アルカリ骨材反応に特徴的なひび割れパターン

アルカリ骨材反応による損傷状況を**写真-3.10～3.15**に示す。

3.2.4　凍　　害
解　説

> 寒冷地でコンクリート表面のスケーリングやポップアウト，粗骨材の露出，表面部分の脆弱化，コンクリートのランダムなひび割れが認められる場合には，凍害による劣化が生じている可能性を疑う。

凍害は，コンクリート中の水分が凍結する際に，水の体積が増加することによる膨張圧でコンクリートが部分的に破壊されることによって生じる。コンクリートが凍結と融解を繰り返すことにより，表面部からスケーリングやひび割れ，骨材のポップアウト等が進行し，順次内部に向かって劣化部が拡大進行する。
　凍害は，上記のようなメカニズムで生じるため，同一構造物の中でも雨水の流下

経路になっている場所等水分の供給が多い箇所で，変状の程度が大きい。また，周期的に凍結・融解を繰り返す箇所で劣化が進行しやすく，寒冷地では同一構造物の中でも日照のある南面の方が北面よりも劣化しやすい。また，構造物の角部は，平面部よりも周囲の気温の影響を受けやすいので，劣化が著しく，角欠けが生じている場合も多い。

凍害を受けた構造物では，スケーリングやポップアウトのほかに，ランダムなひび割れ，隅角部や水平打継部のコンクリートの角欠け，斜めひび割れ，長手方向のひび割れ等が見られる場合がある。

凍害による損傷状況を**写真-3.16～3.18**に示す。

---

1) 塩害・中性化・アルカリ骨材反応・凍害のいずれにも該当しない劣化原因によって変状が生じていると考えられる場合には，劣化原因を「その他」と予想する。
2) 予備調査のみでは変状が発生した原因が不明確な場合，劣化原因を「その他」と予想する。

3.2.5 その他
解　説

2)について

変状の程度が小さい場合等，予備調査のみでは劣化原因を推測することもできない場合には，劣化原因を「その他」と予想するものとした。逆に，何らかの根拠があり，塩害・中性化・アルカリ骨材反応・凍害の複数が劣化原因として予想される場合，そのすべてを劣化原因として推定しなければならない。

Ⅲ. 詳細調査

写真-3.1　塩害による劣化事例(RC 橋脚)

写真-3.2　塩害による劣化事例(RC 橋脚梁)

3. 劣化原因の推定

写真-3.3 塩害による劣化事例（RC 桁側面および橋台）

写真-3.4 塩害による劣化事例（PC 橋桁）

Ⅲ．詳細調査

写真-3.5　塩害による劣化事例（PC 桁はつり後）

写真-3.6　塩害による劣化事例（RCT 桁）

3. 劣化原因の推定

写真-3.7 中性化による劣化事例(高欄)

写真-3.8 中性化による劣化事例(張出し床版水切り付近)

Ⅲ．詳細調査

写真-3.9　中性化による劣化事例(RC床版下面)

写真-3.10　アルカリ骨材反応による劣化事例(RC擁壁)

3. 劣化原因の推定

写真-3.11 アルカリ骨材反応による劣化事例(RC擁壁)

写真-3.12 アルカリ骨材反応による劣化事例(橋台)

Ⅲ．詳細調査

写真-3.13　アルカリ骨材反応による劣化事例(RC橋脚)

写真-3.14　アルカリ骨材反応による劣化事例(RC橋脚梁下)

3. 劣化原因の推定

写真-3.15 アルカリ骨材反応による劣化事例(RC 橋脚)

写真-3.16 凍害による劣化事例(高欄)

Ⅲ．詳細調査

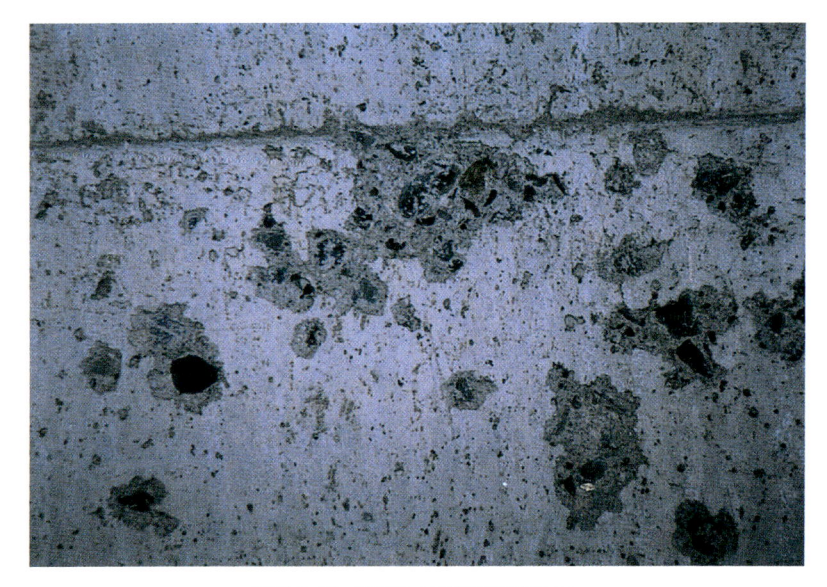

写真-3.17　凍害による劣化事例（橋台）

写真-3.18　凍害による劣化事例（伸縮継手，桁端付近）

4. 劣化原因と詳細試験調査項目

4.1 詳細試験調査項目の選定

予備調査の結果および劣化原因の推定結果をもとに，詳細試験調査項目を選定する。

解 説

各詳細試験調査項目により得られる主な情報を**表解-4.1**に示す。実施すべき詳細試験調査項目は，予想される劣化原因によって異なる。**表解-4.2**に劣化原因別に必要となる詳細試験調査の項目をまとめる。

なお，各劣化原因に対する詳細調査項目の選定に当たっては，以下の点に留意して行う。

・**塩　　害**

　塩害に対する詳細試験調査は，構造物全体あるいは劣化の著しい箇所における鋼材の腐食状況やコンクリート中の塩化物イオン濃度分布等を把握することを目的として実施する。なお，塩害と中性化が複合的に作用することもあるので，橋梁上部構造等のかぶりが比較的うすい構造物では中性化についても検討することが望ましい。

・**中 性 化**

　中性化に対する詳細試験調査は，構造物全体あるいは劣化の著しい箇所における鋼材の腐食状況やコンクリートの中性化深さ，中性化速度係数等を把握することを目的として実施する。

・**アルカリ骨材反応**

　アルカリ骨材反応に対する詳細試験調査は，構造物全体あるいは劣化の著しい箇所における劣化状況や今後のアルカリ骨材反応の進行の可能性等を把握することを目的として実施する。

　なお，構造物が飛来塩化物イオンあるいは融雪剤・凍結防止剤散布による外的塩害を受ける可能性が考えられる環境下に立地する場合，アルカリ骨材反応により発生したひび割れから，塩化物イオンが浸透し，鋼材の腐食を誘発する可能性

Ⅲ. 詳細調査

が考えられる。この場合は，塩害による劣化調査項目の実施も必要となる。

・凍　害

　　凍害に対する詳細試験調査は，構造物全体あるいは劣化の著しい箇所における劣化状況や表面の脆弱度，凍害深さ等を把握することを目的として実施する。

・その他

　　塩害，中性化，アルカリ骨材反応，凍害のいずれの劣化原因にも該当しない変状が生じている場合，その他に分類し，構造物の立地条件や環境条件，使用状況等を考慮して，詳細試験調査として実施する項目を選定する。

表解-4.1　詳細試験調査項目と調査により得られる主な情報

詳細試験調査項目	調査により得られる主な情報
はつり調査	鉄筋の腐食状況・種類・かぶり，中性化深さ，ひび割れ深さ，骨材の種類，（アルカリ骨材反応による）滲出物の有無
自然電位法による鋼材腐食状況の調査	鋼材の腐食状況
塩化物イオンの試験	コンクリート中の塩化物イオン濃度，鋼材位置での塩化物イオン濃度，塩化物イオンの見かけの拡散係数，初期含有塩化物イオン濃度
中性化深さの測定	中性化深さ，中性化速度係数
鉄筋位置・かぶりの測定	配筋状況，鉄筋のかぶり
圧縮強度・静弾性係数試験	コンクリートの圧縮強度・静弾性係数
アルカリ骨材反応関連試験	コンクリートの残存膨張量
凍害関連試験	表面の脆弱度，凍害深さ

表解-4.2　推定された損傷形態に基づく詳細試験調査項目の一覧表

詳細試験調査項目	推定された損傷形態				
	塩害	中性化	アルカリ骨材反応	凍害	その他
はつり調査	◎	◎	○	○	○
自然電位法による鋼材腐食状況の調査	◎	◎	○	○	◎
塩化物イオンの試験	◎	○			○
中性化深さの測定	◎	◎	○		○
鉄筋位置・かぶりの測定	◎	◎	○		○
圧縮強度・静弾性係数試験	○	○	○	○	○
アルカリ骨材反応関連試験			◎		○
凍害関連試験				◎	○

注）◎は極力実施することが望ましい試験項目。○は実施することにより有用な情報が得られる試験項目。

4.2 詳細試験調査方法

4.2.1 はつり調査
(1) 調査方法

> 1) はつり調査は，かぶりコンクリートをはつり，配筋状況・鉄筋の種類や鉄筋径・腐食状況・コンクリートの中性化深さ等を目視で確認するために行う。
> 2) 対象構造物がプレストレストコンクリート部材の場合には，コンクリートの応力状態を事前に検討し，はつり調査を実施するかどうか慎重に検討しなければならない。
> 3) 調査箇所は，はつり調査を行った後，適切に補修されなければならない。

解　説

1)について

　詳細調査で実施するはつり調査は，定期点検では得られない配筋状況(配筋間隔，かぶり)，鉄筋の種類や鉄筋径，腐食状況等の直接的な情報を得ることを目的として実施する。

　調査箇所は，定期点検や詳細目視調査において鉄筋に沿ったひび割れやひび割れからの錆汁の滲出等の変状が確認された場所とする。変状が顕著でない場合には，自然電位が比較的卑な値を示す箇所や塩化物イオン量が多い場所で，調査対象の構造物を代表する箇所を選定するとよい。なお，あらかじめはつりだす鉄筋の位置を電磁誘導法・電磁波反射法等で推定しておくとよい[**II．定期点検 4.5 鉄筋位置およびかぶり**(p.56)参照]。

　調査数は，1構造物(1基の橋台・橋脚，1スパンの桁・床版等)当り3箇所程度を標準とするが，構造物の大きさや劣化の程度，劣化箇所の数等を考慮して，適切な数の箇所を選定するとよい。

　調査では，調査箇所のコンクリートを，30 cm角程度の大きさで鉄筋位置まではつり取る(**図解-4.1**)。はつり深さは，鉄筋表面が現れる程度を原則とするが，鉄筋の腐食状況等を詳細に調査したい場合等の目的に応じて，構造物の損傷を拡大しない程度に鉄筋背面まではつってもよい。

　はつり調査で確認できる項目を以下に列挙する。

　① 配筋状況(配筋間隔，かぶり)　　② 鉄筋の種類および径

Ⅲ. 詳細調査

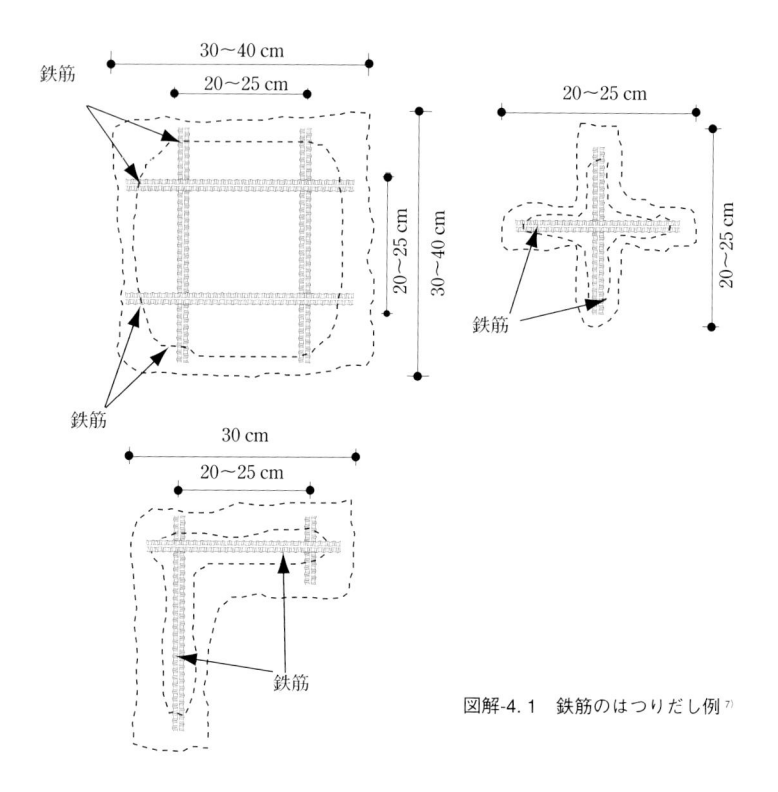

図解-4.1 鉄筋のはつりだし例[7]

③ 鉄筋の腐食状況 　④ コンクリートの中性化深さ　⑤ ひび割れ深さ[注]
⑥ 骨材の種類（岩種，G_{max} 等）　⑦ アルカリ骨材反応ゲルの有無
　［注］あらかじめ色彩をつけた樹脂を注入しておく方法や，アセトンを吹きかけてひび割れ部とそうでない箇所の乾燥時間の違いから判定する方法がある。

2)について

調査対象部材がプレストレストコンクリートの場合，コンクリートにはプレストレスが導入されている。かぶりコンクリートをはつり落とすと，はつり部分のプレストレスが消失するので，部材の耐荷性状に影響を及ぼしかねない。また，消失したプレストレス力は，断面修復等の一般的な補修方法では回復することができない。したがって，プレストレストコンクリート部材を対象とする場合は，部材の応

力状態を適切に把握したうえで,はつり調査を実施するかどうか,調査箇所,はつる寸法等について慎重に判断しなければならない。

プレストレストコンクリート部材の鉄筋・PC鋼材の腐食状況を調査する場合は,自然電位法等で,鉄筋腐食状況の調査を行うことを原則とし,目視による確認の際は,内視鏡を使用するなどして部材に生じる損傷をできる限り小さくしなければならない。

3)について

調査箇所が構造物の耐久性のうえで弱点にならないように,はつり調査箇所は,入念に補修しておかなければならない。補修材料は,調査箇所の広さや形状・部位・周辺環境に適したものを選定しなければならない。

(2) 評価方法

> 鉄筋の腐食状況は,**表-4.1**に示す4段階の鉄筋腐食度で評価する。
>
> 表-4.1 鉄筋の腐食状況に応じた評価
>
> | 鉄筋の腐食状況 | 鉄筋腐食度 |
> |---|---|
> | 断面欠損が著しい腐食 | ① |
> | 浅い孔食等の断面欠損の軽微な腐食 | ② |
> | ごく表面的な腐食 | ③ |
> | 腐食なし | ④ |

解 説

鉄筋の腐食状況は,『塩害を受けた土木構造物の補修指針(案)』[2]に準じて評価することとした。評価の例を**写真-4.1～4.6**に示す。

Ⅲ．詳細調査

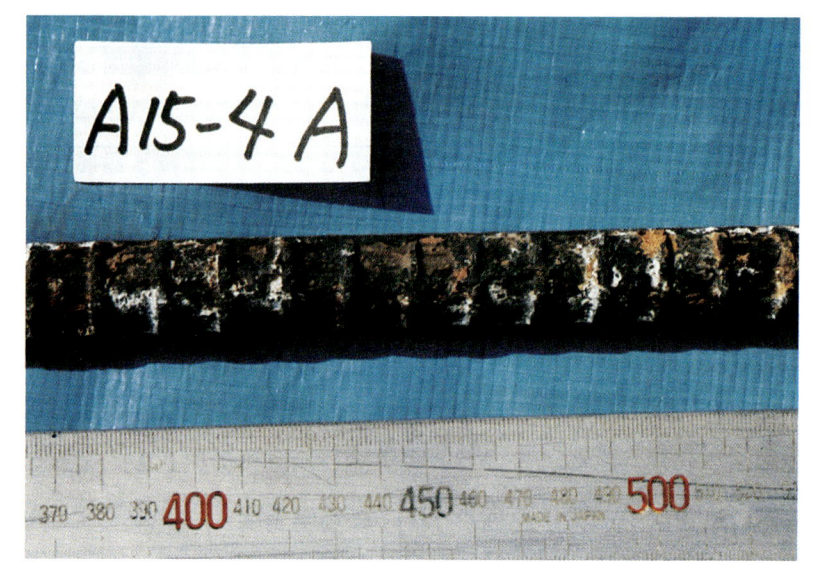

写真-4.1　鉄筋腐食度①

写真-4.2　鉄筋腐食度①

4. 劣化原因と詳細試験調査項目

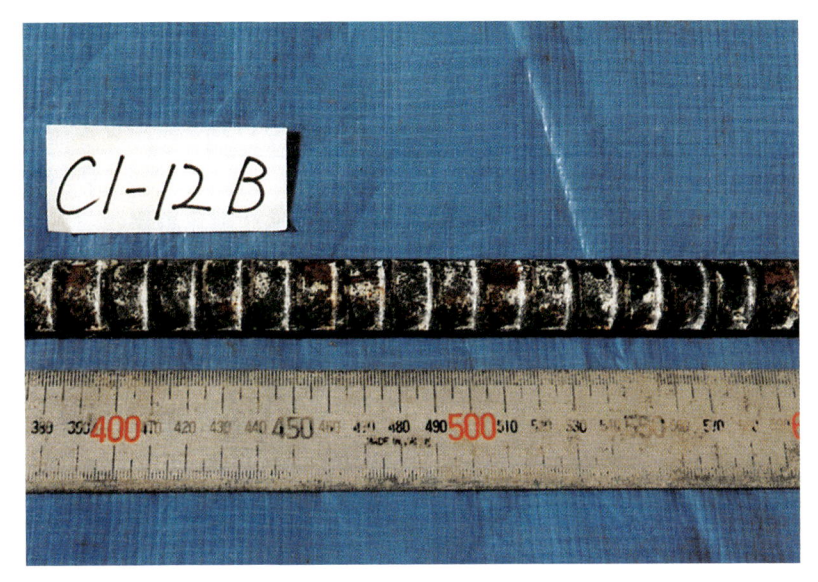

写真-4.3　鉄筋腐食度②

写真-4.4　鉄筋腐食度②

Ⅲ．詳細調査

写真-4.5　鉄筋腐食度③

写真-4.6　鉄筋腐食度③

4.2.2 自然電位法による鋼材腐食状況の調査
(1) 調査方法

> 1) 調査箇所が広範囲に及ぶ場合，自然電位法とはつり調査を併用して腐食状況を推定するとよい。
> 2) 自然電位の測定は，土木学会規準『コンクリート構造物における自然電位測定方法』(JSCE-E 601-2000) に従って実施する。

解　説

1)について

　鉄筋の自然電位は，本来，鉄筋が腐食しやすい環境にあるどうかを示す指標であり，鉄筋の腐食速度や腐食量・鉄筋断面の欠損程度等の情報は，直接的には得られない。したがって，本マニュアルでは，鉄筋の腐食状況の判定についてははつり調査により確認によることを基本とした。しかし，調査対象範囲全体のコンクリートをはつって鉄筋の腐食状況を確認することは現実的ではないこと，鋼材のはつりだしは，構造物(特に，プレストレストコンクリート部材)の耐久性および耐荷力に影響を与えるおそれがあることのため，はつりによる目視観察は一部の範囲にとどめ，広い範囲にわたって調査を行いたい場合は，自然電位法により腐食状況を推定するものとした。

　調査は，①照合電極の確保，②自然電位の測定，③自然電位の測定結果が最も貴な箇所と最も卑な場所の部分はつりだし，の手順で行うとよい。

2)について

　自然電位法の測定は，土木学会規準『コンクリート構造物における自然電位測定方法』(JSCE-E 601-2000)によるものとする。測定結果は，原則として25℃の飽和硫酸銅電極(CSE)に対する自然電位の値に換算して表示するものとする(**表解-4.3**)。なお，測定に当たっては，測定装置(照合電極)のキャリブレーションを行うことと測定前の30分間コンクリート表面を湿潤状態にすることを原則とする。

　調査箇所は，定期点検や詳細目視調査においてコンクリート表面に変状(鉄筋に沿ったひび割れやひび割れからの錆汁の滲出等)が確認された箇所を含み，周囲2m×2m程度の矩形範囲とするとよい。変状が顕著でない場合には，広範囲に状況を把握するために，調査対象の構造物を代表する5m×5m程度の範囲を調査するとよい。

Ⅲ. 詳細調査

表解-4.3 自然電位の測定に用いられる照合電極の種類とCSE基準への換算する場合の補正値

照合電極の種類	電位の補正値(飽和硫酸銅電極換算, 25℃)
飽和硫酸銅電極	$0 + 0.9 \times (t-25)$
飽和カロメル電極	$-74 - 0.66 \times (t-25)$
飽和塩化銀電極	$-120 - 1.1 \times (t-25)$
鉛電極	$-799 + 0.24 \times (t-25)$

注) t：測定時の温度(℃)

　測定は，100 mmの間隔で行うことを基本とする。ただし，広範囲に測定する場合は200 mm間隔程度まで広げてもよいものとする。自然電位を測定する鉄筋直上のコンクリート表面で行うことが望ましい。ただし，広範囲を短時間で測定できる装置ローラー型電極等を使用する場合には，鉄筋位置を気にせず，測定間隔を狭くして広範囲を測定するとよい。

(2) 評価方法

1) 測定された自然電位と部分はつり箇所で観察された鉄筋腐食度を比較し，調査構造物ごとに自然電位と鉄筋腐食度の関係を求めて，自然電位測定結果の評価を行うことを原則とする。
2) 推定された鉄筋腐食度，自然電位の測定結果，調査箇所での自然電位と鉄筋腐食度の関係を記録しなければならない。

解　説

1)について

　自然電位と鉄筋腐食度の関係については現在も研究が進められており，自然電位の分布から腐食箇所を特定する方法や腐食電流を推定する方法等が提案されている。しかし，これらの判定方法は，まだ研究途上の段階である。そこで，詳細調査では，部分的にはつりだした箇所での観察から，調査構造物ごとに自然電位と鉄筋腐食度の関係を求め，周囲の自然電位測定箇所の鉄筋腐食度を推定することを原則とした。

　ただし，部分はつり調査を行いがたい場合には，**表解-4.4**に従って鋼材の腐食状態を推定してもよい。

4. 劣化原因と詳細試験調査項目

表解-4.4　自然電位測定結果の評価

自然電位　E(mV：CSE)	鋼材の腐食しやすさ
―	―
$-350 \geqq E$	大
$-250 \geqq E > -350$	やや大
$-150 \geqq E > -250$	軽微
$E > -150$	なし

2)について

調査した構造物の健全度を評価する際には，推定した鉄筋腐食度を用いる。しかし，自然電位の測定結果も重要な情報であるので，記録しておかなければならない。

4.2.3　塩化物イオンの試験
(1) 調査方法

> 1) 塩化物イオンの試験に用いる試料の採取は，JIS A 1154「硬化コンクリート中に含まれる塩化物イオンの試験方法」の附属書1「硬化コンクリート中に含まれる塩化物イオン分析用試料の採取方法」によることを標準とする。
> 2) 試料の採取位置や採取数は，詳細調査を行う構造物の周辺環境等を考慮して適切に定めるものとする。
> 3) 塩化物イオンの試験は，JIS A 1154「硬化コンクリート中に含まれる塩化物イオンの試験方法」に準じて行い，全塩化物イオン量を求めるものとする。

解　説

海岸近傍に立地した構造物や凍結防止剤が散布される構造物，塩化物イオンの総量規制が定められた1986年以前に建造されたコンクリート構造物等においては，コンクリート中に大量の塩化物イオンを含み，それが原因でコンクリート中の鉄筋が錆びる塩害を生じる可能性がある。したがって，鉄筋近傍のコンクリート中にどの程度の量の塩化物イオンが含まれているか，今後，海からの飛来塩分や凍結防止剤の散布により鉄筋近傍のコンクリート中に有害な量の塩化物イオンが含まれる可能性があるか，詳細に把握する必要がある。

1)について

試料の採取方法は，JIS A 1154附属書「硬化コンクリート中に含まれる塩化物イオン分析用試料の採取方法」によることを標準とした。ただし，この附属書では採

Ⅲ．詳細調査

取するコアの直径を粗骨材の最大寸法の 3 倍以上とするように定めており，構造物の種類や部材によっては，調査のために構造物を傷めるリスクもある。このような場合には，小径コアを採取するとよい。

なお，小径コア試料を用いる場合でも，コアを複数採取し分析する試料の量を増やし 50 ～ 70 g 以上の試料を用意すれば，全塩化物イオン量の測定精度はほとんど変わらないとも考えられている[8]。すなわち，20 mm 幅で切断して分析するとした場合，φ100 mm のコア試料を採取する代わりにφ25 mm のコア試料 3 本を用いても，測定結果の信頼性はほぼ同等であると考えられる。

2）について

試料のサンプリングにおいては，構造物中の鋼材を切断しないようあらかじめ非破壊検査機器を用いて鉄筋や PC 鋼材の位置を調査しておく必要がある。また，採取位置は，当該構造物を代表する箇所とするが，錆汁の滲出や，鉄筋に沿ったひび割れ等，鋼材の腐食が疑われる箇所があれば，その周辺を調査対象とする。また，自然電位の測定を行った場合は，その測定範囲内で試料を採取するとよい。

試料の採取は，以下を参考にするとよい。

① 外部からの塩分の浸透が予想される場合（塩害地域，または凍結防止剤が使用される地域の構造物）：コンクリートの表面から鉄筋位置（あるいは 10 cm の深さ）までのコアを採取し，表面から深さ方向に 1 ～ 2 cm ピッチで切断した試料を分析する。

② 外部からの塩分の浸透が考えにくい構造物で，建設時からコンクリート中に多量の塩分が含まれていることが疑われる場合：原則として鉄筋位置付近から試料を採取する。ただし，鉄筋のかぶりが厚く，試料採取による構造物への影響が懸念される場合は，深さ 5 cm 程度の位置から試料を採取してもよい。

同一の構造物でも部位によってコンクリート中に含まれる塩化物イオン量が大きく異なっている場合があるので，調査する構造物中で互いに離れた 3 箇所程度を選定し，塩化物イオンの分析を行うことが望ましい。ただし，調査数は経済性等の理由により適宜変更してよい。

3）について

詳細調査では，全塩化物イオン（硬化コンクリートから硝酸で抽出される塩化物イオンの量）を分析するものとした。これは，塩害に関する技術規準類やこれまでに報告されている各種論文においては，全塩化物イオン量を対象として分析される

のが一般的であるためである。

現状では，可溶性塩化物イオン量(温水抽出塩化物イオン量：硬化コンクリートから 50 ℃の温水で抽出される塩化物イオンの量)の測定結果と鋼材の腐食状況の関係は明確でない。また，可溶性塩化物イオン量と全塩化物イオン量の関係も明確ではない。したがって，可溶性塩化物イオン量の測定結果を用いて構造物の劣化度を評価することは困難である。

(2) 評価方法

採取コアの全塩化物イオンの試験結果をもとに，塩害による鋼材の腐食可能性を表-4.2に示す4段階で評価する。

表-4.2 塩化物イオン量と塩害による鋼材の腐食可能性の評価

全塩化物イオン量	塩害による鉄筋腐食の可能性
2.5 kg/m³ 以上*	腐食を生じうる
1.2 kg/m³ 以上，かつ 2.5 kg/m³ 未満	将来的に塩害による腐食が生じる可能性が高い
0.3 kg/m³ を超えて，かつ 1.2 kg/m³ 未満	何らかの原因でコンクリート中の塩化物イオン濃度が高いが，腐食が生じる可能性は低い
0.3 kg/m³ 以下	現時点では，塩害による腐食が生じるおそれはない

解 説

塩化物イオンの分析結果は，コンクリート 1m³ 当りの全塩化物イオン量として整理し，塩害により鋼材が腐食する可能性を評価する。なお，塩化物イオンの分析結果から単位容積当りの全塩化物イオン量を算出する際，コンクリートの絶乾単位容積質量が必要となる。これは試験により求めることを原則とするが，やむを得ない場合は，2 200 kg/m³ と仮定してもよい。

塩化物イオン量の評価は，主として鉄筋位置における測定結果で行うが，塩化物イオンの由来を判断し，今後の予測を行う場合には，コンクリート表面から深さ方向での塩化物イオンの分布も重要なポイントとなるので併せて検討を加えるとよい。

塩化物イオンの分析結果をコンクリート表面から深さ方向に整理した際に，図

Ⅲ. 詳細調査

解-4.2のように構造物の表面付近から内部にかけて塩化物イオン量が低減していくような分布が認められれば，海からの飛来塩分や凍結防止剤の散布等の影響を受け，構造物の外部から塩化物イオンが侵入しているものと考えられる。このような場合には，今後鉄筋近傍での塩化物イオンの濃度がさらに高まる可能性があることに留意すべきである。一方，**図解-4.3**のようにコンクリート表面からの距離に関わらずほぼ一定の塩化物イオン量が含まれている場合には，それらの塩分は建設時から含まれていたものと考えられる。このような場合で，竣工後ある程度の年数が経過している構造物では，周辺環境が大きく変化しない限り，コンクリート中の塩化物イオン量がさらに増加することは考えにくい。

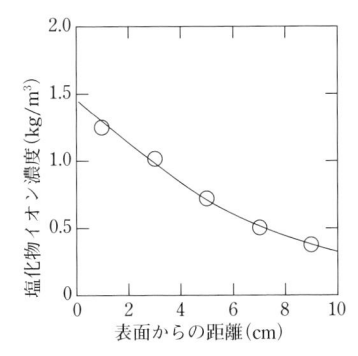

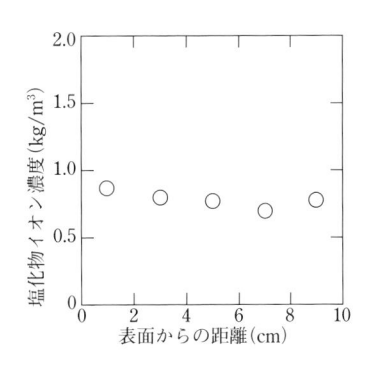

注）○は，塩化イオンの試験により得られた結果。曲線は，式 4.1 による推定値。

図解-4.2 外部からの塩分が侵入していると推定される事例（竣工後 28 年，橋台）

図解-4.3 初期から多量の塩分を含んでいたと考えられる事例（竣工後 36 年，橋台）

$$C(x, t) = C_0 \left(1 - \mathrm{erf} \left(\frac{x}{2\sqrt{D \times t}} \right) \right) + C_i \tag{4.1}$$

ここで，$C(x, t)$：表面からの深さ x (cm)の時刻 t (s)における塩化物イオン濃度 (kg/m³)，

C_0：コンクリート表面における塩化物イオン濃度(kg/m³)，

C_i：コンクリート材料に当初から含まれていたと考えられる塩化物イオン濃度(kg/m³)，

D：コンクリート中で塩化物イオンの見掛けの拡散係数（cm²/s）

erf( )：誤差関数。

また，コンクリート中の塩化物イオンの分布は式4.1で表せると考えられるので，塩化物イオンの分析結果をコンクリート表面から深さ方向に整理した結果と，式4.1から算出した予測値を比較することで，塩化物イオンの見掛けの拡散係数やコンクリート表面における塩化物イオン濃度を推定し[9]，その推定結果から将来における塩化物イオンの分布を推定することも可能である[10]。しかし，構造物の周辺環境は必ずしも一定ではないことや，中性化が塩化物イオンの分布に影響を与えることなどのため，必ずしも推定の精度は良くないことに留意すべきである。

4.2.4 中性化深さの測定
(1) 調査方法

> 1) 中性化深さの測定は，はつり調査または採取したコアにより，JIS A 1152 (コンクリートの中性化深さの測定方法)に準じて行うことを原則とする。
> 2) 中性化深さの測定を主要な目的として試料を採取する場合には，詳細調査を行う構造物の周辺環境等を考慮して適切な測定位置，測定方法を選定するものとする。

解 説

1)について

中性化深さの測定方法そのものは，定期点検でも詳細調査でも変わらないが，詳細調査では，他の調査項目のためにコアを採取したり，鉄筋をはつりだしたりすることが十分考えられるので，これらを活用して中性化深さの測定を行うのがよい。

なお，コア試料を採取したり切断する場合，散水しながら採取する方法と散水しないで採取する方法とがある。これが中性化深さの測定値に及ぼす影響に関する定量的な研究はないが，切断面が約450℃以上の高温になると，水酸化カルシウムが脱水し，酸化カルシウムに変化することも指摘されており，削孔面や切断面が過度に高温にならないように注意するのが望ましい。これは，定期点検で実施する小径コアの場合も同様である。

中性化深さは，95％エタノール90 $m\ell$ にフェノールフタレインの粉末1gを溶かし，水を加えて100 $m\ell$ としたフェノールフタレインアルコール溶液を標準の指示薬として，測定対象面に液が滴らない程度に噴霧し，鮮明な赤紫色に発色した部分のコンクリート表面からの距離をノギス等で測定し，コンクリートの中性化深さと

Ⅲ. 詳細調査

する。鮮明な赤紫色に着色した部分より浅い部分にうす赤紫色の部分が現れる場合があるが，このような場合は，鮮明な赤紫色部分までの距離を中性化深さとして測定し，うす赤紫色の部分間での距離は参考値として記録するとよい。また，測定箇所に粗骨材の粒子がある場合やあった場合には，粒子または粒子の抜けたくぼみの両端の中性化位置を結んだ直線上で測定する（**図解-4.4 参照**）。

コンクリートの含水状態によっては，中性化深さを読み取りにくい場合がある。JIS や JCI の方法に準じて行えば測定値に大きな影響を与えることはないが，フェノールフタレインを噴霧する前の試料の含水状態は，若干乾燥気味が望ましい[11]。なお，コンクリートが乾燥しすぎて赤紫色の呈色が不鮮明な場合には，試

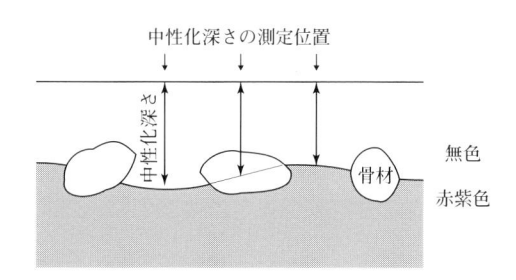

図解-4.4　測定箇所に粗骨材の粒子がある場合の測定例

薬を噴霧した測定面に水を少量噴霧するか，試薬を再度噴霧するなどして，発色が鮮明になってから測定を行う。

また，測定面を空気中に長時間放置しておくと，測定面が中性化して正確な深さが測定できなくなるおそれがあるので，測定面の処理が終了した後，直ちに測定ができない場合には，ラッピングフィルム等で測定面を密封する。

測定箇所数は，測定面にコアの割裂面，切断面を用いる場合には，JIS A 1152 に準じ，10 ～ 15 mm 間隔ごとに 1 箇所，コアの側面を利用する場合には 5 箇所以上とするのがよい。はつり面を測定面とする場合は，はつり面の大きさに応じて 4 ～ 8 箇所程度とするのがよい。

調査箇所の中性化深さは，個々の測定点での中性化深さを記録するとともに，平均中性化深さを算出して記録する。平均中性化深さは測定値の合計を測定箇所数で除して求め，四捨五入した値とする。平均中性化深さは単位を mm とし，小数点以下 1 桁にまとめる。

2)について

中性化深さの測定を主要な目的として試料を採取する場合は，定期点検において異常が確認された場所や，構造物を代表する箇所とする。また，錆汁の析出や，鉄筋に沿ったひび割れ・かぶりコンクリートの浮き，鋼材の腐食が疑われる箇所があ

れば，その周辺を調査対象とする。

この場合は，あらかじめ鋼材の位置，かぶりを電磁誘導法・電磁波反射法等で調査しておき，鉄筋が交差する位置を中心に，鉄筋位置までの小径コアを採取するか，鉄筋が現れるまで10～15cm角程度にコンクリートをはつった箇所で中性化深さの測定を行い，かぶりの実測，鉄筋の腐食状況の観察を同時に行うのがよい。

(2) 評価方法

> 1) 中性化深さの評価は，中性化残りを指標として，中性化による鋼材の腐食可能性を**表-4.3**に示す4段階で評価する。
> 2) 中性化深さの測定結果をもとに将来の中性化の進行を予測するとよい。
>
> 表-4.3　中性化による鋼材の腐食可能性の評価
>
> | 中性化残り | 中性化による鉄筋腐食の可能性 |
> |---|---|
> | 0mm 未満 | 腐食が生じうる |
> | 0mm 以上 10mm 未満 | 場合によっては中性化による腐食が生じる可能性がある |
> | 10mm 以上 30mm 未満 | 将来的には中性化による腐食が生じる可能性がある |
> | 30mm 以上 | 当面の間は，中性化による腐食が生じるおそれはない |
>
> 注) 本評価は，中性化による単独劣化に対して適用される。
> 　　鉄筋のかぶりは，調査位置での測定値とする。ただし，不明な場合は設計図書に示された値を用いてもよい。

解　説

1)について

中性化深さの測定結果の評価は，**表-4.3**に示すように中性化残りにより行う。

ただし，**表-4.3**は，中性化による単独劣化に対して適用されるべきである。塩害と中性化の双方が影響している場合は，中性化残りだけで評価するのは危険であり，注意を要する。例えば，土木学会の『コンクリート標準示方書』では，塩分環境下では中性化残りを10～25mm確保すべきとしている[6]。

また，土木構造物は，一般に比較的かぶりが厚いことから，施工時の配筋不良等でかぶりが十分でない場合を除き，中性化による劣化が問題となった事例は少ない。このため，中性化残りと鉄筋の腐食の関係は十分には明確となっておらず，**表-4.3**による評価で十分かどうかは明確ではない。例えば，かぶりが30mmの鉄筋で

中性化残りが10 mmの場合と，かぶりが70 mmの鉄筋で中性化残りが10 mmの場合では，中性化による影響の度合いが異なってくると考えられるが，**表-4.3**ではこれを評価できない。

したがって，特に中性化残りが小さな構造物の維持管理では，中性化残りのみで判断するのではなく，はつり調査の結果や過去の同一構造物や類似構造物での調査結果を参考に，中性化残りと鉄筋腐食の関係を検討するのがよい。

2)について

中性化深さの進行は，コンクリートの品質(配合条件，施工条件等)以外に構造物の周辺環境等の影響を受ける。そのため，設計時での予測や，定期点検での修正予測のとおりに中性化が進行するとは限らない。したがって，詳細調査における中性化深さの測定結果に基づいて現状の構造物の状態を評価するとともに，調査箇所における将来の中性化深さの予測を行うのが望ましい。

中性化深さの将来予測は，**Ⅱ.定期点検 4.4.3 予測方法**(p.53)に準じて行うとよい。

4.2.5 鉄筋位置およびかぶりの測定

> 1) 詳細調査における鉄筋位置およびかぶりの測定は，構造物の状態や生じている劣化の状況を詳細に把握するために実施する。
> 2) 詳細調査における鉄筋位置およびかぶりの測定は，詳細なデータが必要な箇所および数量について実施する。
> 3) 詳細調査における鉄筋位置およびかぶりの測定は，部分的に鉄筋のかぶりを実測し，測定機器のキャリブレーションを行ったうえで電磁誘導法あるいは電磁波反射法により測定することを原則とする。
> 4) 詳細調査における鉄筋位置およびかぶりの測定結果は，適切な方法で記録しなければならない。

解　説

1)について

詳細調査における鉄筋位置およびかぶりの測定は，定期点検において構造物の状態や生じている劣化の状況を詳細に把握することが必要と判断された場合に実施するものである。このため，詳細調査における鉄筋位置およびかぶりの測定においては，詳細なデータを得るために必要となる調査箇所と，要求される精度が得られる

4. 劣化原因と詳細試験調査項目

ような方法によって実施されなければならない．

2)について

詳細調査における鉄筋位置およびかぶりの測定は，調査対象となる部位にある鉄筋すべての位置およびかぶりを面的に精度良く測定するのが理想である．しかしながら，仮にこのような測定を行った場合，作業量が膨大となるのみならず，経済的にも合理的とはいえない状況となる可能性もある．

そこで，調査箇所は，定期点検や詳細目視調査においてコンクリート表面に変状（鉄筋に沿ったひび割れやひび割れからの錆汁の滲出等）が確認された箇所を含み，周囲1m×1m程度の矩形範囲とするとよい．変状が顕著でない場合には，広範囲に状況を把握するために，調査対象の構造物を代表する2m×2m程度の範囲を調査するとよい．ただし，鉄筋位置およびかぶりの情報は，塩化物イオン量の試験や中性化深さの測定等，他の調査結果と併せて用いることで有益な情報となることが多いので，調査箇所の選定は，他の調査項目の実施箇所等を考慮して行わなければならない．

電磁誘導法・電磁波反射法による測定は，100 mm間隔で行うことを基本とするが，広範囲に調査する場合等の実情にあわせて200 mm間隔まで広げてもよい．

3)について

鉄筋位置およびかぶりの測定においては，電磁誘導法あるいは電磁波反射法等の非破壊試験によって比較的精度良く推定することが可能である．したがって，その方法は，基本的には，定期点検で行われるものと同様である．

しかしながら，非破壊試験のみによる場合，かぶりコンクリートの材質（使用骨材や含水状態）や鉄筋の間隔によっては誤差を生じる可能性もある．詳細調査の調査目的を考慮すると，かぶりおよび鉄筋位置の推定精度を上げることが重要であるので，非破壊試験に加えてはつり調査等による鉄筋位置の確認も併用することとした．特に電磁波反射法による場合は，はつりだした鉄筋のかぶり測定結果や鉄筋直上でのドリル削孔によるかぶり測定結果からかぶり部分のコンクリートの誘電率等のキャリブレーションに必要な補正値を正確に定めることが可能となり，精度の高い測定が可能となる．

なお，非破壊試験による鉄筋位置およびかぶりの測定は，**Ⅱ．定期点検 4.5 鉄筋位置およびかぶり**(p.56)に準じて行い，はつり調査による鉄筋位置の確認は，**4.2.1 はつり調査**(p.97)を参考にされたい．

4)について

Ⅱ．定期点検 4.4 鉄筋位置およびかぶり(p.56)に示したように，鉄筋位置やかぶりの測定結果は，かぶりコンクリートに物理的な変状が生じない限り大きく変化することはない。このため，詳細調査において実施された鉄筋位置およびかぶりの測定結果は，適切な方法で記録し，保存することでその後の維持管理を効率的に行うことができる。

4.2.6 圧縮強度および静弾性係数の測定
(1) 調査方法

> 圧縮強度試験は，JIS A 1107「コンクリートからのコア及びはりの切り取り方法並びに強度試験方法」に，静弾性係数試験は，JIS A 1149「コンクリートの静弾性係数試験方法」に準拠して実施することを標準とする。

解　説

構造体用材料としてのコンクリートの特性を把握するために，圧縮強度および静弾性係数の測定を行う。

なお，アルカリ骨材反応を起こしたコンクリート構造物の場合は，反応の進行に伴い圧縮強度および静弾性係数が次第に低下することが報告されており，中でも静弾性係数の低下が著しいことが特徴である。したがって，圧縮強度試験と同時に静弾性係数試験を実施することで，有益な情報が得られる。

圧縮強度および静弾性係数試験のためのコア採取は，1調査箇所当り3本採取することを標準とする。構造物の部位によって劣化の程度が異なる場合は，変状箇所と健全箇所で各3本ずつ採取して試験結果を比較することが望ましい。また，配筋の状況等で標準コア(ϕ100 mm)を抜くことが困難な場合や，定期点検等によるコンクリート強度の試験結果がない場合，コンクリートの強度不足が考えにくい場合等には，小径コアを用いてもよい。

定期点検等で反発度法による強度推定調査を行っている場合は，リバウンドハンマーで打撃した箇所でコアを採取し，当該構造物での反発度と強度の関係を求めることによって他の反発度測定箇所でもより正確に圧縮強度を推定できるようになると考えられる。したがって，圧縮強度試験のためのコア採取箇所は反発度測定箇所と揃えるのがよい。

(2) 評価方法

> 採取コアの圧縮強度および静弾性係数試験結果をもとにコンクリート品質の評価を行うものとする。

解 説

採取コアの圧縮強度試験結果は，得られた個々の圧縮強度値により**表解-4.5**のように評価することを標準とする。

表解-4.5　コンクリートコアの圧縮強度の評価

圧縮強度	評　価
すべての供試体の圧縮強度が設計基準強度以上である場合	健全である
圧縮強度が設計基準強度を下回っている供試体もあるが，すべての供試体の圧縮強度が設計基準強度の80％以上である場合	構造的に問題はないと判断してよい
圧縮強度が設計基準強度の80％を下回っている供試体がある場合	構造的な検討も必要である

一般にコンクリートの配合設計においては，設計基準強度に割増係数を掛けた配合強度を設定しており，このため採取したコンクリートコアの圧縮強度試験を行うと，設計基準強度よりも3割程度以上高い強度が得られる場合が多い[12]。

一方で，コンクリートからコアを採取して試験を行った場合には，たとえ十分な養生を行って供試体を作成し，コアを採取したとしても，標準養生供試体の80％程度の強度しか得られないとする報告もある[13]。したがって，コアの圧縮強度が設計基準強度を下回っていても，設計基準強度が80％以内であれば，設計で想定したコンクリートの品質と実構造物のコンクリートの品質がほぼ近いと判断してよいことにした。

なお，コアの圧縮強度値が設計基準強度を大きく下回っている場合は，部材の耐荷性能等について構造的な検討を行うことも必要である。

採取コアの静弾性係数試験結果は，得られた個々の静弾性係数により**表解-4.6**のように評価することを標準とする。

なお，アルカリ骨材反応を生じたコンクリート構造物より採取したコアの場合，静弾性係数は，健全なコンクリート構造物より採取した同一圧縮強度を有するコア

Ⅲ. 詳細調査

表解-4.6　静弾性係数試験結果の評価

静弾性係数	評　　価
すべての供試体の静弾性係数が**表解-4.7**で示される標準値より大きい場合	健全である*
すべての供試体の静弾性係数が**表解-4.7**で示される標準値の範囲に含まれる場合	健全である
静弾性係数が**表解-4.7**で示される標準値より小さい供試体がある場合	アルカリ骨材反応あるいは凍害が生じている可能性も考えられ，場合によっては構造的な検討も必要である

* 一般的には，静弾性係数の試験結果が標準より高い場合でも，構造物の健全度には影響がないと考えられる。しかし，圧縮強度および静弾性係数の試験方法に問題がなかったかどうか確認することが望ましい。

の値に比べて著しく低い値を示すという特徴がある(場合によっては1/3～1/5程度にまで低下することがある)。したがって，このように極端に小さな静弾性係数が得られた場合は，アルカリ骨材反応が生じていることを疑うべきである。

表解-4.7は，実構造物から採取された約400件のコア供試体の試験結果をもとに標準的な静弾性係数の範囲を求めたものである(平均値からの偏差がσ以内であれば標準的な値であるとした)。なお，コアの圧縮強度が55 MPaより大きい場合や軽量コンクリートについては，十分なデータがないため，ここでは標準値を示さなかった。このような場合には，土木学会の『コンクリート標準示方書』に記載されたコンクリートの静弾性係数(ヤング係数)(**表解-4.8**)等を参考にされたい(ただし，

表解-4.7　静弾性係数の標準値 [12]

コアの圧縮強度(N/mm^2)	コアの静弾性係数の標準値(kN/mm^2)
15以上21未満	8.4 ～ 17.8
21以上27未満	13.1 ～ 21.3
27以上35未満	16.2 ～ 25.8
35以上45未満	19.7 ～ 29.8
45以上55未満	19.1 ～ 34.2

表解-4.8　静弾性係数(ヤング係数)の標準値 [14]

	コンクリートの設計基準強度(N/mm^2)	18	24	30	40	50	60	70	80
E_c(kN/mm^2)	普通コンクリート	22	25	28	31	33	35	37	38
	軽量骨材コンクリート*	13	15	16	19	—	—	—	—

* 骨材を全部軽量骨材とした場合。

標準示方書に示されたヤング係数は，コンクリートの設計基準強度ごとにランク分けされたものであり，コア供試体で得られる静弾性係数はこれと異なる場合もあることに留意すべきである）。

4.2.7 アルカリ骨材反応関連試験
（1）調査方法

> 1) アルカリ骨材反応が疑われる構造物の詳細調査は，通常は **2.2.2 詳細目視調査**のみでよい。
> 2) アルカリ骨材反応が疑われる構造物の今後の劣化進行の可能性をより明確にしたい場合には，コンクリートコアの膨張量試験を行うのがよい。
> 3) アルカリ骨材反応が疑われる構造物で，特に変状が著しい構造物では，**4.2.1 はつり調査**を行って鉄筋の健全度を調査するものとする。

解　説

1），2）について

アルカリ骨材反応によって生じたコンクリート表面の変状（ひび割れ，アルカリシリカゲルの析出）の外観は，アルカリ骨材反応に特徴的なものであるので，十分な知識を持った技術者が行えば，詳細目視調査のみでも比較的高い確度で原因を特定できる。一方，アルカリ骨材反応に関しては，コア試料等を用いた試験で劣化の将来予測等を行うことは容易ではない。したがって，アルカリ骨材反応が疑われる構造物の調査は，構造物の耐荷力に影響があるような著しい変状が見られない限り，詳細目視調査を行うにとどめるのがよい。

なお，アルカリ骨材反応が疑われる構造物をより詳細に調査する方法としては，**表解-4.9**に示した①膨張量試験，②骨材の岩種判定，③コンクリート中のアルカリ含有量の分析，④アルカリ骨材反応によって生じるシリカゲルの確認，などの方法がある。

膨張量試験では，今後，アルカリ骨材反応による劣化が生じるかどうかを推定することができる。しかし，膨張量試験では，調査時点以前に生じたアルカリ骨材反応による劣化（コンクリートの膨張）については，明らかにできないので注意が必要である。すなわち，すでに反応が終息している場合には，劣化原因がアルカリ骨材反応であったとしても，コアの膨張量試験においてコアは膨張しない。

Ⅲ．詳細調査

表解-4.9　アルカリ骨材反応に関する試験

試験項目		試験方法等
①コアの膨脹量試験		一般にコンクリート構造物中においてアルカリ骨材反応が生じるとコンクリートに膨脹が生じ，劣化が進行する。したがって，採取コアの促進膨脹試験を行うことにより，今後どの程度膨脹が進行するかの判断値とすることが可能である。 　膨脹試験は，採取コアにコンタクトゲージ用ポイントを接着したステンレス製バンドを巻き付け，ポイント間の距離をコンタクトゲージを用いて測定する方法により行う。
②岩種判定	目視による観察	採取コアからの取り出した骨材もしくはコアのスライス片を用いて，鉱物学学識経験者が目視観察により骨材の岩種判定を行う。
	偏光顕微鏡観察	鉱物学学識経験者が，コア中の粗骨材を対象に薄片試料を作成して偏光顕微鏡観察を行うことにより，アルカリ骨材反応性鉱物等の有害鉱物の有無を判定する。
	粉末X線回析	一般には採取コア中から粗骨材を取り出し，粉末X線回析法により岩種の構成鉱物の同定を行い，アルカリ骨材反応に有害な鉱物の有無を判定する。また，コア粗骨材とモルタル部分に分離し，それぞれについて粉末X線回析測定を行うことにより，アルカリ骨材反応性鉱物等，コンクリートの品質に有害影響を及ぼす物質の有無を判定する場合もある。
③アルカリ含有量分析 [16]		アルカリ骨材反応は，コンクリート中のアルカリと水が反応性骨材に作用することにより生ずる。したがって，コンクリート中のアルカリ量を測定することにより，アルカリ骨材反応の可能性の有無を把握することができる。
④シリカゲルの確認 [17]		コンクリートに生じている析出物（白色析出物）が，エフロレッセンス（白樺）であるのか，あるいはアルカリ骨材反応による生成物であるシリカゲルかどうかを確認するために行う。 　シリカゲルであるかどうかの確認は，化学分析を用いることもあるが，通常は粉末X線回析法により結晶性成分を同定する方法が多用されている。

　なお，残存膨脹量試験の方法は，『コンクリート構造物におけるアルカリシリカ反応の実態調査法(案)』の「3.2コアの採取・調整・保存方法」および「3.7コアの膨脹量測定方法」による [15]。ただし，この方法に記載されているようにコアをいったん乾燥させて試験をすると残存膨脹量の測定結果に影響があるという指摘があるので，採取したコアは乾燥させず，基長測定後直ちに「温度40±2℃，相対湿度95％以上」の条件で保管することとする。

　残存膨脹量試験以外の②～④の調査の結果からは，アルカリ骨材反応が生じているかどうかを明確にすることができる。しかし，アルカリ骨材反応による構造物の耐久性への影響や，今後の劣化進行の可能性については，これらの試験方法では明らかにできない。したがって，アルカリ骨材反応であるかどうかが特に重要な場合

を除くと，これらを実施する必要性は小さい。

なお，同一のコンクリートを使用した部材であっても，水分の供給状況等によって劣化が生じる箇所が偏在する場合がある。したがって，コンクリートコアの採取に当たっては，試験の目的を十分に考慮し，採取位置を決定する必要がある(通常は，ひび割れの生じた箇所で採取することが多い)。

3)について

アルカリ骨材反応による劣化が生じた構造物は，これまでの調査から，外観上著しく劣化しているように見える場合でも，構造物の耐荷力への影響は少ないと考えられてきた。しかし，近年，アルカリ骨材反応が原因で内部の鉄筋が破断していると見られる構造物もあることが明らかになっている[18]。

したがって，以下のような条件に当てはまる構造物では，当該箇所の鉄筋をはつりだすなどして，鉄筋の健全度を調査するものとする。

① ひび割れ幅2mm以上の連続したひび割れがある。
② T型橋脚の**図解-4.5**に示す部位において，同図に示したような幅が1mm以上の連続したひび割れがある。
③ ひび割れ箇所のコンクリート表面に2mm以上の段差がある。
④ 過去にひび割れ注入工を実施した履歴のある箇所で，補修前のひび割れ幅が明確でなく，そのひび割れが再度1mm以上の幅に開口している場合。
　　[注] なお，過去にひび割れ注入工を実施した履歴のある構造物では，補修前のひび割れ幅と補修後に開いた開口幅(ひび割れが再度開いた場合)の合計をひび割れ幅として判断する(①〜③)。

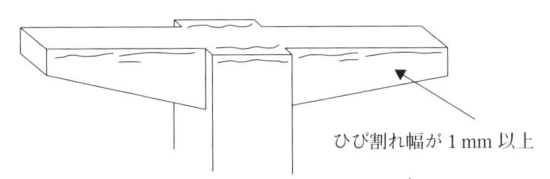

図解-4.5　橋梁下部構造(T型橋脚)におけるひびわれのパターン

Ⅲ．詳細調査

（2）評価方法

> 構造物のアルカリ骨材反応による劣化の程度は，**2.2.2 詳細目視調査**で観察された変状のうち，特にアルカリ骨材反応による変状の程度に着目して行う。

解　説

　現状では，アルカリ骨材反応によるコンクリート構造物の耐久性への影響（特に鉄筋の腐食について）を定量的に評価することは困難である。また，将来の劣化予測手法についても，塩害や中性化の場合のようには確立されていない。そこで，ここでは，アルカリ骨材反応によるものと考えられる変状の程度を評価するものとした。アルカリ骨材反応による変状がコンクリート中の鉄筋に与える影響の大きさという観点から評価を試みる方法の例を**表解-4.10**に示す。

表解-4.10　アルカリ骨材反応によるものと考えられる変状の評価

詳細目視調査結果（アルカリ骨材反応に起因すると見られる変状の程度）	評　価
著しい変状が見られる*	鉄筋が破断したり，腐食しているおそれがあるので，はつり調査を行うことが望ましい。
ひび割れがあり，開口している	ひび割れにより鉄筋が腐食しやすくなっているおそれがある。
ひび割れはあるが，析出したゲル等で埋まっている	ひび割れの影響はほとんどないと推測される。
アルカリ骨材反応に起因する変状は見られない	現状では，アルカリ骨材反応は生じていない。

＊　変状が著しい場合とは，以下のような場合を指す。
　① ひび割れ幅2mm以上の連続したひび割れがある。
　② Ｔ型橋脚の**図解-4.5**に示す部位において，同図に示したような幅が1mm以上の連続したひび割れがある。
　③ ひび割れ箇所のコンクリート表面に2mm以上の段差がある。
　④ 過去にひび割れ注入工を実施した履歴があり，補修前のひび割れ幅が明確でない場合で，注入したひび割れが再度1mm以上の幅に開口している場合。
注）なお，過去にひび割れ注入工を実施した履歴のある構造物では，補修前のひび割れ幅と補修後に開いた開口幅（ひび割れが再度開いた場合）の合計をひび割れ幅として判断する（①～③）。

　コンクリートコアの膨張量試験結果については，**表解-4.11**により判定するものとした。膨張率の判断基準としては，文献15）および文献19）に基づいた値を採用した。しかし，骨材の種類によっては，アルカリ骨材反応が緩やかに長期にわたって進行するものもある。そこで，試験材齢3ヶ月における膨張率が0.05％以下であっても，膨張傾向が漸増傾向であれば，試験材齢6ヶ月頃までは試験を継続することが望ましい。この場合も，膨張率0.05％を評価の目安としてよい。

膨張量試験に用いるコアの径は 100 mm を標準とするが，構造物によっては 75 mm 以下とせざるを得ない場合もあると考えられる。その場合は，**表解-4.12** および**表解-4.13** を勘案した値を用いる。すなわち，ϕ100 mm のコアが示す膨張率に対して，ϕ75 mm のコアを用いた場合には約 60 %，ϕ50 mm のコアを用いた場合には約 20 %程度の値が得られるものと推察される。文献 19)に示された基準値 500×10^{-6} に対し上記の関係を安全側に評価するとすれば，コア径 75 mm の試料に対する基準値として，$500 \times 10^{-6} \times 60\% = 300 \times 10^{-6}$ が得られので，ゲルの滲

表解-4.11　膨張量試験結果とアルカリ骨材反応の評価

試験項目	アルカリ骨材反応の評価
膨脹量試験	採取コアの促進膨脹試験の結果，全膨脹ひずみ量が試験材齢 3 ヶ月の時点で 0.05 %(500×10^{-6})を超えた場合，試験したコンクリートにアルカリ骨材反応による膨脹が生じるおそれがあると判断する。

表解-4.12　コア径の違いによる膨脹率の比の一例[20]

コアの径(mm)	反応性骨材混入率 50 %		反応性骨材混入率 100 %		範囲（平均）
	拘束なし	拘束あり	拘束なし	拘束あり	
100	1.00	1.00	1.00	1.00	—
75	0.45	0.77	0.61	0.53	0.53～0.77(0.61)
50	0.11	0.28	0.11	0.33	0.11～0.23(0.21)

表解-4.13　残存膨脹率に及ぼすコア径の影響（反応性骨材：古銅輝石安山岩）[21]

コア採取時の母材コンクリートの膨脹率	コアの径(mm)	残存膨脹率($\times 10^{-6}$)				コア 100 mm を 100 とした場合の比率
		反応性骨材混入率 50 %		反応性骨材混入率 100 %		
		拘束なし	拘束あり	拘束なし	拘束あり	
0	100	5 400	5 900	5 000	4 800	100
	75	3 600	2 300	2 300	2 800	52
	50	950	650	800	700	15
850×10^{-6}	100	4 200	3 000	4 300	3 200	100
	75	2 100	2 300	2 400	1 700	58
	50	450	800	500	850	18
$5 000 \times 10^{-6}$	100	500	800	350	1 100	100
	75	360	600	200	800	71
	50	500	100	300	200	40

Ⅲ. 詳細調査

出状況，骨材の顕微鏡観察結果等も加味したうえで，採取コアの膨張率がこの値以上であれば，アルカリ骨材反応による損傷であると判断することができると考えられる。

なお，岩種判定やアルカリ含有量分析，シリカゲルの確認による評価を参考までに**表解**-4.14に示す。これらの方法で得られる結果は，アルカリ骨材反応が生じているか否かは推定できるものの，アルカリ骨材反応により有害なほどの"コンクリートの膨張が生じるかどうか"を判定することは難しい。

表解-4.14　アルカリ骨材反応関連試験と試験結果の評価

試験項目	アルカリ骨材反応の評価
岩種判定	偏光顕微鏡観察の結果，有害鉱物を含む岩種の存在が認められた場合は，アルカリ骨材反応を生じる可能性があるものと判定する。ただし，有害鉱物を含む岩種の量が数％にすぎない場合は，アルカリ骨材反応が変状の主原因であるとは断定できない。
アルカリ含有量分析	採取コアのアルカリ金属イオン含有量試験の結果，当該コンクリート中のアルカリ金属イオン量が3.0 kg/m³以上であれば，アルカリ骨材反応が生じる可能性があるものと判定する。
シリカゲルの確認	生成した白色物質がアルカリシリカゲルであるか否かの判定をシリカゲル判定表(**表解**-4.15)により行い，アルカリ骨材反応による劣化が生じているか否かの判定を行う。この時，判定精度も記録する。

表解-4.15　シリカゲル判定表 [17]

判定基準	試料量			
	50 mg 以上	10 ~ 50 mg	10 mg 未満	数 mg
SiO₂　30％以上	シリカゲルである			判定不可
SiO₂　10 ~ 30％	シリカゲルの可能性が大きい		判定不可	判定不可
SiO₂　10％未満	シリカゲルの可能性がある	判定不可	判定不可	判定不可
ケイ酸イオンの定性	判定不可	判定不可	判定不可	青色判定
判定精度	高い	やや低い	参考値	参考値

4.2.8 凍害関連試験

> 凍害によるコンクリート構造物の劣化状況把握のために，表面の脆弱度・凍害深さの測定を行う。

解　説

　凍害によるコンクリート構造物の劣化状況把握のために表面の脆弱度・凍害深さの測定を行う。表面の脆弱度・凍害深さの測定は，人力によるはつりが通常用いられており，熟練した人であれば，はつり力により評価が可能である。なお，この評価をより定量的に行うために，反発度法による反発度測定が用いられることもある。

　いずれの方法を用いるにしても，凍害によるコンクリート構造物の劣化を定量的に評価することは困難で，コンクリート表面部分の脆弱度は健全部との対比の形で，凍害の影響範囲を判断せざるを得ないのが現状である。

Ⅲ．詳細調査

5. 健全度の総合評価

5.1 詳細調査の評価項目

1) 構造物の健全度は，劣化度によって判定することとする。
2) 予備調査および詳細試験調査によって得られた調査結果から，**表-5.1**に示す「構造物の現状」および「劣化原因ごと劣化の程度」について劣化度を判定する。
3) 詳細試験調査の結果を踏まえ，劣化原因を確定させる。
4) 劣化度は，**表-5.2**に示す5段階評価とする。ただし，「構造物の変状の程度」については，劣化度A，B，C，Dの4段階で，「劣化原因ごとの劣化の程度」については，劣化度B，C，D1，D2の4段階でそれぞれ評価するものとする。

表-5.1 詳細調査の評価項目

評価項目	説　明
構造物の現状	詳細目視調査やはつりだした鉄筋の腐食状況から，現時点での構造物の変状の程度について評価する。
劣化原因ごとの劣化の程度	各劣化原因ごとに行う調査の結果から，現時点での劣化の程度や，今後鉄筋の腐食等が生じ，構造物の性能が低下する可能性について評価する。

表-5.2 劣化度と構造物の状況（詳細調査）

劣化度		想定される状況
A		調査を実施した時点で，腐食による鋼材の著しい断面欠損が見られるなど，構造物は著しく劣化しており，耐荷性能の低下も懸念される段階。
B		調査を実施した時点で，腐食による鋼材の軽微な断面欠損が見られるなど，構造物の劣化が進行していると考えられる段階。
C		調査を実施した時点では，鋼材の腐食はごくわずか，認められない状態であり，構造物が劣化しているとは判断しづらいが，今後，鋼材が腐食しやすい状態へと移行する兆候が認められる段階。
D	D1	調査を実施した時点では，構造物は劣化していないと考えられる段階。ただし，劣化因子の侵入等が見られることなどから，今後，場合によっては鋼材が腐食しやすい状態へと移行する可能性もある。
	D2	調査を実施した時点では，構造物は劣化しておらず，劣化の兆候も認められない段階。

5. 健全度の総合評価

解　説

1)について

　種々の劣化のうちで構造物の機能に最も大きな影響を与えるのが鉄筋の腐食である。そこで，本マニュアルでは，特に鉄筋の腐食度および今後の腐食可能性に着目して詳細調査結果を評価するものとした。また，従来は"損傷度"としていた用語を本マニュアルから"劣化度"とした。これは，時間の経過に伴って腐食しやすい状態が形成され，腐食が始まることを示す用語としては，劣化の方がより適切であると考えたためである。

2)について

　まず，予備調査や詳細試験調査として行った調査の結果を，①構造物の現状，②劣化原因ごとの劣化の程度，の2つに分けて整理することにした(**図解-5.1**)。

① 構造物の現状：詳細目視調査やはつりだした鉄筋の腐食状況等から，鉄筋の腐食に伴う構造物の性能低下や補強・補修の必要性について評価する。詳細調査では，鉄筋のはつりだしを行うことから，定期点検よりも高い確度で判定することができる。

② 劣化原因ごとの劣化の程度：構造物の劣化原因に関連した調査を行って(例えば，劣化原因が塩害の場合は，塩化物イオンの試験等)，今後，構造物の劣化が進行する可能性が高いか否かを評価する。また，劣化要因のコンクリート中への侵入程度等から，現状でも劣化が始まっているかどうか推定することが

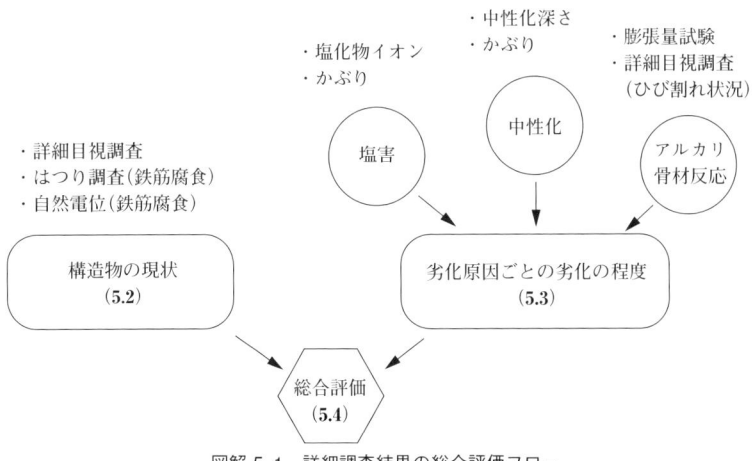

図解-5.1　詳細調査結果の総合評価フロー

Ⅲ. 詳細調査

できる。

　なお，本マニュアルでは，種々の劣化原因のうち塩害，中性化，アルカリ骨材反応に限って評価方法を記述した。

3）について

　調査の結果，当初の推定と異なる劣化原因が明らかになることも十分考えられる。したがって，健全度の総合評価を行う過程で劣化原因について再度検討し，これを確定するものとした。

4）について

　従来の詳細調査では4段階であった詳細調査結果の評価を本マニュアルでは5段階とし，劣化度Dの構造物について，劣化の兆候が少しでも見られる場合と全く見られない場合について区別することにした。詳細調査で用いる5段階の劣化度"A～D2"と，定期点検で用いる5段階の劣化度"特～無"は，劣化度"A"≒劣化度"特"，劣化度"B"≒劣化度"高"…とほぼ一対一で対応する。ただし，簡易な方法を中心に行われる定期点検に対して，鉄筋のはつりだし等を行い劣化の程度を詳細に把握する詳細調査による判定結果の方が構造物の状態をより正確に評価している。

　表-5.1の「構造物の現状」からは，劣化度D1とD2の違いを明確にすることはできない。一方，「劣化原因ごとの劣化の程度」からは，構造物としての性能が低下しているかどうかまでは明確にできない。そこで，それぞれの評価項目ごとに4段階で劣化度を評価するものとした。

5.2　構造物の現状に関する評価

> 　構造物の現状は，詳細目視調査の結果とはつりだした鉄筋の腐食状況から判定することを原則とする。

解　説

　構造物の変状の程度についての評価する方法の例を**表解-5.1**に示す。構造物の現状については，詳細目視調査と部分的にはつりだした鉄筋の腐食状況の双方を参考に評価することを原則とした。しかし，はつり調査は，構造物に与える影響が大きいため広範囲に実施することは困難である。はつり調査を行った箇所の周囲で自然電位法による鋼材腐食状況の推定を行っている場合には，これを用いて判定してもよい。

5. 健全度の総合評価

表解-5.1 「構造物の変状の程度」に関する劣化度

		はつり調査による鉄筋腐食度[*1] [表-4.1(p.99)]				鉄筋の自然電位 [mV:CSE, 表解-4.4(p.105)参照]			
		①	②	③	④	−350以下	−250〜−350	−150〜−250	−150より大
詳細目視調査による外観変状度 [表-2.1(p.76)]	I	A	A	B[*2]	B[*2]	A	A	A	
	II	A	B	B	B[*2]	B	B	B	
	III	A	B	C	C	B	B	B	
	IV	A	C	C	D	C	C	D	
	無	A	C	D	D	C	D	D	

[*1] はつり箇所でのキャリブレーションによって自然電位から鉄筋腐食度を推定できる場合は，推定した鉄筋腐食度を用いて評価する。
[*2] 通常は考えにくいケースだが，参考値として表示した。

5.3 劣化原因ごとの劣化の程度に関する評価

> 1) 劣化原因として塩害が考えられる場合，その劣化度は鉄筋位置での塩化物イオン量から判定する。
> 2) 劣化原因として中性化が考えられる場合，その劣化度は中性化残りから判定する。
> 3) 劣化原因としてアルカリ骨材反応が考えられる場合，その劣化度は外観目視調査結果およびアルカリ骨材反応関連試験結果から判定する。
> 4) 劣化原因が凍害・その他の場合は，「劣化原因ごとの劣化の程度」に関する評価は行わない。

解 説

1)について

塩害に関する劣化の程度は，鉄筋位置での塩化物イオン量から判定することができる。評価する方法の例を**表解-5.2**に示す。

表解-5.2 「劣化原因ごとの劣化の程度−塩害−」に関する劣化度

鉄筋位置での全塩化物イオン量	劣化原因ごとの劣化の程度に関する判定結果
2.5 kg/m³ 以上	B
1.2 kg/m³ 以上，2.5 kg/m³ 未満	C
0.3 kg/m³ を超えて，1.2 kg/m³ 未満	D1
0.3 kg/m³ 以下	D2

Ⅲ．詳細調査

2)について

中性化に関する劣化の程度は，中性化残りから判定することができる．評価する方法の例を**表解-5.3**に示す．

表解-5.3 「劣化原因ごとの劣化の程度－中性化－」に関する劣化度

中性化残り	劣化原因ごとの劣化の程度に関する判定結果
0 mm 未満	B
0 mm 以上，10 mm 未満	C
10 mm 以上，30 mm 未満	D 1
30 mm 以上	D 2

3)について

現状では，コアを採取して行う物性試験等でアルカリ骨材反応の劣化予測を行うことは困難である．そこで，詳細目視調査結果を主体として評価する方法の例を**表解-5.4**に示す．

表解-5.4 「劣化原因ごとの劣化の程度－アルカリ骨材反応－」に関する劣化度

詳細目視調査による観察結果アルカリ骨材反応に起因すると見られる変状の程度，**表解-4.10**(p.120)		膨張量試験による評価結果　[**表解-4.11**(p.121)]	
		膨張量が0.05％を超える	膨張量が0.05％以内[*2]
	著しい変状が見られる[*1]	B	B (またはD 2)
	ひび割れがあり，開口している	C	C (またはD 2)
	ひび割れはあるが，析出したゲル等で埋まっている	D 1	D 2
	アルカリ骨材反応に起因する変状は見られない	D 1	D 2

[*1] 著しい変状とは，以下のような状況を指す．
　① ひび割れ幅2 mm以上の連続したひび割れがある．
　② T型橋脚の**図解-4.5**(p.119)に示す部位において，同図に示したような幅が1 mm以上の連続したひび割れがある．
　③ ひび割れ箇所のコンクリート表面に2 mm以上の段差がある．
　④ 過去にひび割れ注入工を実施した履歴のある箇所で，補修前のひび割れ幅が明確でなく，そのひび割れが再度1 mm以上の幅に開口している場合．
　注) なお，過去にひび割れ注入工を実施した履歴のある構造物では，補修前のひび割れ幅と補修後に開いた開口幅（ひび割れが再度開いた場合）の合計をひび割れ幅として判断する（①～③）．
　　　自然電位から鉄筋腐食度を推定できる場合は，推定した鉄筋腐食度を用いて評価する．

[*2] 膨張量が0.05％以内の場合は，アルカリ骨材反応がすでに終息している場合と，コンクリート表面の変状がアルカリ骨材反応によるものでない場合の双方が考えられる．そこで，構造物に生じている変状がアルカリ骨材反応によるものかどうか，再度検討することが望ましい．その結果，アルカリ骨材反応以外の原因が明らかになった場合には，劣化度D 2と判定する．

4)について

 劣化原因が特定できない場合には，当然のことではあるが，将来の劣化予測を行うことはできない。しかし，詳細調査で得られたデータを元に，塩害，中性化，アルカリ骨材反応についてできる範囲で判定を試みるとよい。また，凍害の場合，現状では十分な精度を持って将来の劣化予測を行うことは困難であるので，ここでは判定手法を示すことができなかった。

5.4 総合評価

> 1) 各劣化原因ごとに劣化度を評価し，原則として最も劣化度が高いと評価された劣化原因を当該構造物の劣化原因とする。また，最も高い劣化度を「劣化原因ごとの劣化の程度」に関する劣化度とする。
> 2) 「構造物の変状の程度」に関して評価した結果と「劣化原因ごとの劣化の程度」に関して評価した結果のうち，劣化度がより高い方の評価結果を構造物の劣化度とする。
> 3) 詳細調査の結果に加え，構造物の重要度や周辺環境等を勘案して補修の要否および実施時期等を検討するものとする。

解 説

1)について

 構造物の劣化原因は，詳細試験調査の結果も入れて，再検討しなければならない。塩害，中性化，アルカリ骨材反応の各劣化原因ごとに劣化度を評価し，最も劣化度が高いと評価された劣化原因を当該構造物の劣化原因と判定することとしたが，詳細目視調査の結果から劣化原因が「凍害」または「その他」であると強く推測される場合には，劣化原因を「凍害」または「その他」と判定してもよい。

 劣化度が最も高い劣化原因に複数の原因が該当した場合には，それらすべてを考えられる劣化原因と判定する。なお，いずれの劣化原因についても劣化度がD1またはD2と判定され，劣化原因が明確でない場合には，劣化原因を「その他」と判定する。

2)について

 補修の必要性が高い構造物に対して，早期に検討がなされるように最も厳しい評価を採用するものとした。なお，「構造物の変状の程度」が劣化度Dで，「劣化原因ご

Ⅲ．詳細調査

との劣化の程度」が劣化度D1，またはD2の場合は，「劣化原因ごとの劣化の程度」から得られた劣化度を採用する。

3)について

劣化度と補修の要否の関係については，**表解-5.5**のように考えられる。ただし，構造物に補強・補修を行うかどうかや，補修を行う時期については，構造物の置かれている状況（構造物の果たしている機能，竣工してからの経過年，周辺環境等）を総合的に勘案して行わなければならない。

表解-5.5 劣化度と補修の要否

劣化度		補修の要否
A		補修・補強の必要性が高い。構造物の耐荷性能についての検討を早急に行い，補修・補強の要否や補修方法などを検討することが望ましい。
B		補修を実施することが望ましい。構造物の今後の劣化予測を行い，補修の要否や補修方法などを検討することが望ましい。
C		すぐに補修が必要であるとは限らない。しかし，構造物の今後の劣化予測を行って維持管理の計画を立てることが望ましい。
D	D1	現状では補修は必要ない。しかし，構造物の今後の劣化予測を行って維持管理の計画をるとよい。
	D2	当面は補修を必要としない。通常の定期点検を主体とした維持管理で十分である。

参考文献

1) 土木研究所：既存コンクリート構造物の実態調査結果－1999年調査結果－, 土木研究所資料第3854号, p.16, 2002.3.
2) 土木研究センター：塩害を受けた土木構造物の補修指針（案）, 建設省総合技術開発プロジェクトコンクリートの耐久性向上技術の開発（土木構造物に関する研究成果）, pp.57-78, 1989.5.
3) 小林一輔：コンクリート構造物の早期劣化と耐久性診断, pp.142-146, 森北出版, 1991.6.
4) 建設省通達：コンクリート中の塩化物総量規制について, 建設省技調発第285号, 1986.6.
5) 日本道路協会：道路橋示方書・同解説, Ⅲコンクリート橋編, pp.171-175, 2002.3.
6) 土木学会：2002年制定コンクリート標準示方書[施工編], pp.22-24, 2002.3.
7) 日本建築学会：鉄筋コンクリート構造物の耐久性調査・診断および補修指針（案）・同解説, p.51, 1997.
8) 伊藤始，水川靖野，野永健二，佐原晴也：小径コアによる塩化物イオン量の測定方法に関する研究, コンクリート工学年次論文集, Vol.24, No.1, pp.1665-1670, 2002.
9) 土木研究所：既存コンクリート構造物の実態調査結果－1999年調査結果－, 土木研究所資料第3854号, pp.103-121, 2002.3.
10) 土木研究所：コンクリート中の塩化物イオン濃度分布簡易分析シート, 土木研究所ホームページ http://www.pwri.go.jp/
11) 小林一輔編：コア採取によるコンクリート構造物の劣化診断方法, p.19, 森北出版, 1998.4.
12) 土木研究所：既存コンクリート構造物の実態調査結果－1999年調査結果－, 土木研究所資料第3854号, pp.71-74, 2002.3.
13) 太田実：コアー強度と標準供試体強度の関係についての既往の資料, コンクリートの品質管理試験方法, 土木学会コンクリートライブラリー第38号, pp.75-83, 1974.
14) 土木学会：2002年制定コンクリート標準示方書[構造性能照査編], pp.28-29, 2002.3.
15) 土木研究センター：コンクリート構造物におけるアルカリシリカ反応の実態調査法（案）, 建設省総合技術開発プロジェクトコンクリート耐久性向上技術の開発（土木構造物に関する研究成果）, pp.81-161, 1989.5.
16) 土木研究センター：コンクリート中の水溶性アルカリ金属元素の分析方法（案）, コンクリート構造物におけるアルカリシリカ反応の実態調査法（案）, 付属資料, 建設省総合技術開発プロジェクトコンクリートの耐久性向上技術の開発（土木構造物に関する研究成果）, pp.159-162, 1989.5.
17) 土木研究センター：ゲル成分の分析方法（案）, コンクリート構造物におけるアルカリシリカ反応の実態調査法（案）付属資料, 建設省総合技術開発プロジェクトコンクリートの耐久性向上技術の開発（土木構造物に関する研究成果）, pp.145-154, 1989.5.
18) 鳥居和之，笹谷輝彦，久保善司，杉谷真司：凍結防止剤の影響を受けた橋梁のASR損傷度の調査, コンクリート工学年次論文集, Vol.24, No.1, pp.579-584, 2002.
19) 阪神高速道路公団：アルカリ骨材反応に対するコンクリート構造物の管理指針（暫定案）, 1985.
20) 日本コンクリート工学協会：コンクリート構造物からのコア試料の採取方法（案）, 耐久性診断研究委員会報告書, pp.1-3, 1989.6.
21) 富田穣, 幸左賢二, 中野錦一, 中上明久：コア採取法によるASR変状構造物診断の基礎的研究, セメント技術年報, 42巻, pp.335-338, 1988.

付 属 資 料

付属資料で参照する写真		134
付属資料-1	本マニュアルのポイント	137
付属資料-2	電磁誘導法・電磁波反射法（レーダー法）による コンクリート構造物の鉄筋位置およびかぶり測定手順（案）	142
付属資料-3	コンクリート中の鋼材の自然電位測定方法に関する検討	166
付属資料-4	鉄筋の腐食状態と自然電位の敷居値について	175
付属資料-5	反発度法を用いたコンクリート強度の推定について	182
付属資料-6	構造物の点検・調査実施例	189
付属資料-7	各種調査に必要な時間について	200
付属資料-8	試料の採取が限られた場合の調査方法について	201

付属資料

付属資料で参照する写真

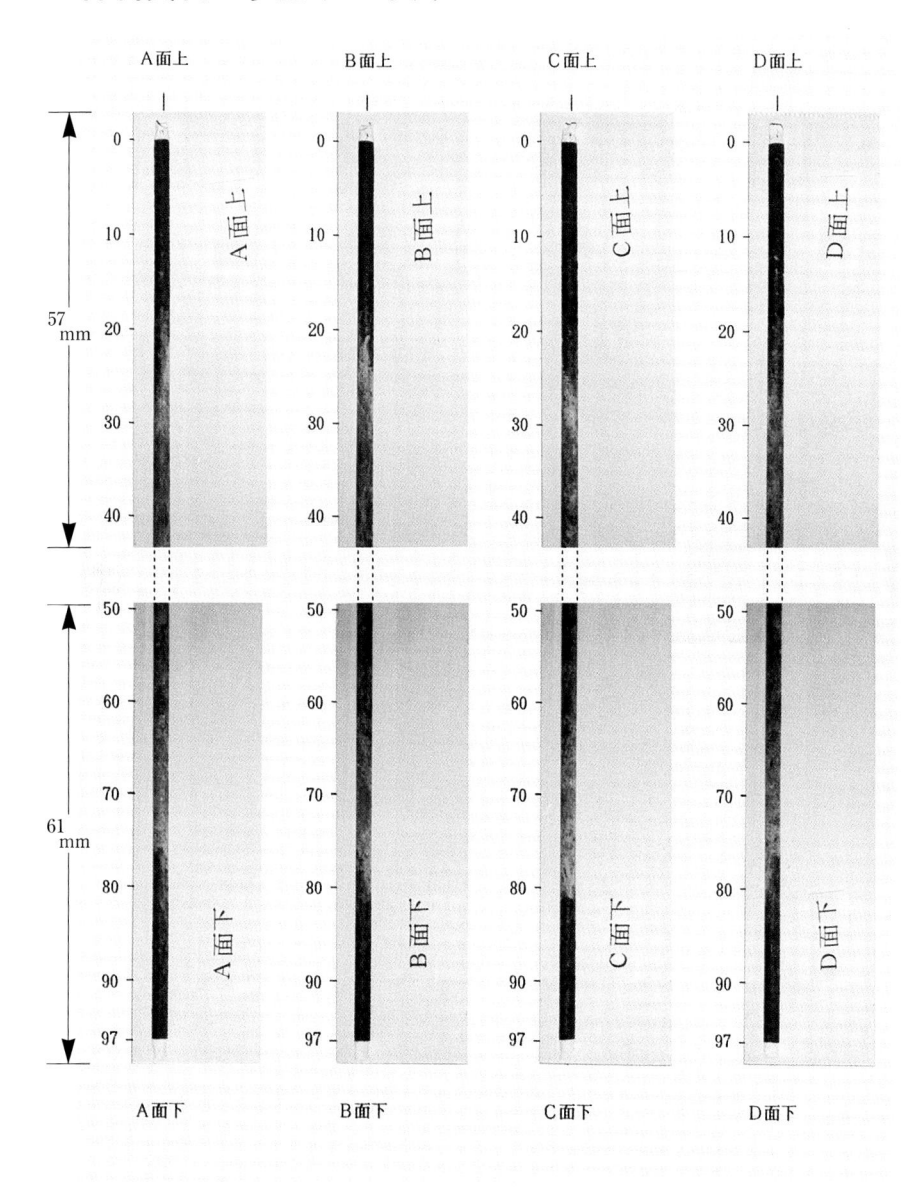

資写真-1　鉄筋の腐食状態

134

付属資料で参照する写真

資写真-2　ひび割れ箇所

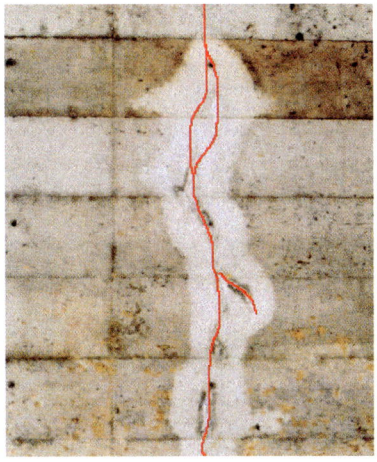

資写真-3　ひび割れ箇所の近接写真

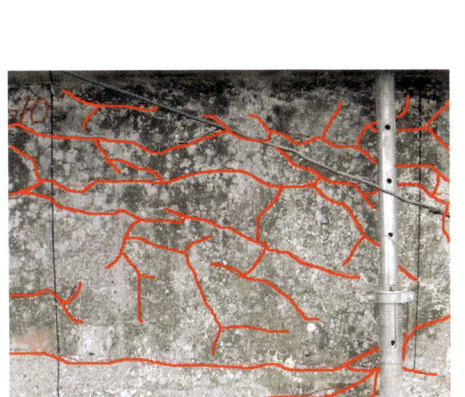

資写真-4　ウェブのクラック

資写真-5　主桁方向のひび割れ

付属資料

資写真-6　スケーリングと漏水

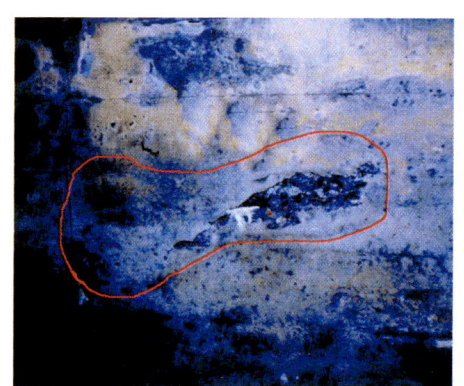

資写真-7　剥離・剥落

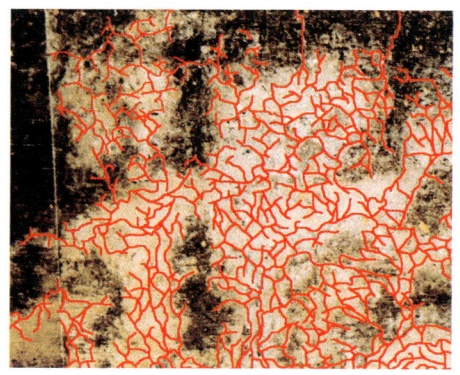

資写真-8　ひび割れ箇所の状況

資写真-9　骨材の露出

付属資料-1　本マニュアルのポイント

1. 『コンクリート構造物の健全度診断技術の開発に関する共同研究報告書―コンクリート構造物の健全度診断マニュアル（案）』（土木研究所，日本構造物診断技術協会，1998.3）に対して寄せられた意見

　構造物の調査や診断の現場で使用された方々から，改善すべき点として多くの意見が寄せられた。以下に，主要な意見を示す。
① 定期点検と詳細調査の位置付け，およびその関連性を明確にして欲しい。
② 構造物を傷つけない簡易な調査方法や，定量的に評価できる調査方法を紹介して欲しい。
③ 既往の研究・最近の維持管理の動向を紹介して欲しい。
④ 調査事例を紹介し，各調査方法の適用範囲や測定時の留意事項等を示して欲しい。
⑤ 1冊で調査できるマニュアルにして欲しい。

2. 本マニュアルのポイント

　各種診断技術の普及と，本マニュアルの現場適用性を高めることを目的として，①調査項目の見直し，②最新の知見紹介，③マニュアル構成の見直しの3本柱を中心に内容を検討した。**資図-1.1**に改訂に当たり検討した内容の概要を示す。

(1) 他の規準類との整合
・維持管理の考え方や用語を維持管理や調査に関する多くの規準類とできる限り整合させた。

(2) 健全度判定基準の見直し
・定期点検から詳細調査を行う調査の流れ（特に，定期点検から詳細調査を経ずに補修補強を行う考え等）を明確にするとともに，両調査の総合評価の整合を図った。

付属資料

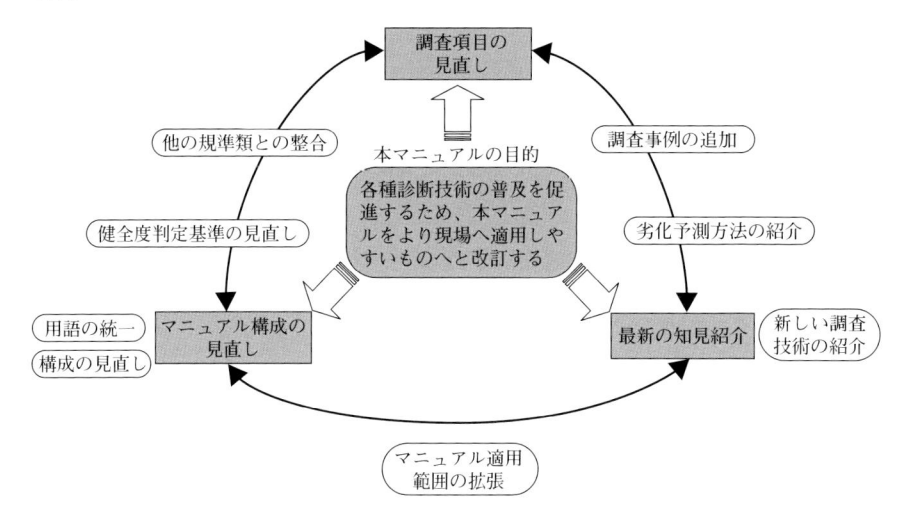

資図-1.1 改訂に当たり検討した内容

(3) 用語の統一
・各種の規準類を参考に用語の統一を図った。
・現在，明確な使い分けが行われていない用語(例えば，非破壊試験や剥離等)は，新しく定義した。

(4) マニュアル構成の見直し
・読みやすさを考慮し，目次構成を変更した。

(5) マニュアル適用範囲の拡張
・構造物の置かれている環境条件や重要度によって点検間隔や維持管理の方針（予防保全や事後保全）を選択するようにした。
・ひび割れ調査や打音調査についても説明を追加して，定期点検から詳細調査まで一連の調査を行えるようにした。

(6) 新しい調査技術の紹介
・調査結果を定量的に評価できる非破壊試験等の調査方法を紹介した。
・特に定期点検で構造物に与える影響が小さく，簡易な調査方法を紹介した。

(7) 劣化予測方法の紹介
・塩害や中性化等では，点検間隔や項目を見直せるように，劣化進行の予測方法を紹介した。

(8) 調査事例の追加
・新しい調査技術（例えば，ドリル削孔粉を用いた塩化物イオンの試験等）では，解説に調査の精度や測定時の注意事項を記述した。
・実際の構造物に対し，非破壊試験を用いた調査の実施例を**付属資料**で示した。

3. 寄せられた意見（詳細）

寄せられた意見を以下に示す。これらの意見を参考にして作業を行い，本マニュアルに反映させた。しかし，現時点で解明されていない事項や内容が不明確な部分については，次回以降の作業の課題とした。

(1) 他の規準類との整合性
・土木学会『コンクリート標準示方書』[維持管理編]と整合させてはどうか。
・JISと整合させてはどうか。
・例えば，JCIのコンクリート診断技術等の規準類と整合させてはどうか。

(2) 健全度判定基準の見直し
・定期点検は，詳細調査の要否の判断のため，詳細調査は，補修・補強の要否の判断のために行うものであり，その目的は異なるが，評価方法は統一すべきである。
・定期点検で一定以上の損傷が見受けられた場合に詳細調査を行うとあるが，この境界となる損傷度を明記すべきである。
・健全度判断の過程を詳細に示してはどうか。

(3) 用語の統一
・健全度と損傷度および劣化度の違いを明確にすべきである。
・どこまでを非破壊試験として扱うのか。明確にすべきである。
・他の技術書類で統一がとれていない用語（例えば，テストハンマー，小径コア，

欠陥，浮き，剥離，剥落等）について，本マニュアルではどのように扱うのか。明確にすべきである。

(4) マニュアル構成の見直し
・調査方法編と調査事例編にしてはどうか。

(5) マニュアル適用範囲の拡張
・道路用 RC 構造物に限定しているが，PC，SRC，複合構造に拡張してはどうか。
・構造物の重要度・維持管理履歴や環境条件を考慮して調査項目や点検間隔等の維持管理方針を決定できるようにすべきである。
・予防保全の考え方も導入すべきである。
・調査結果の記録・保存の手法および活用方法を示してはどうか。
・初期点検の項目を追記してはどうか。
・目視点検を詳細に示してはどうか。
・コア採取やはつり調査後の補修方法を示してはどうか。
・第三者被害防止に着目した調査方法を示してはどうか。
・仮設足場に関する項目を示してはどうか。
・火災後の点検要領について，参考文献等で紹介してはどうか。
・維持管理に関して発表された論文や報告書を収集整理し，文献リストを作成してはどうか。
・非破壊試験一覧表をつけてはどうか。

(6) 新しい調査技術の紹介
・定期点検では，なるべく構造物を傷つけず，簡易に調査ができる方法を示すべきである。
・現状で行われている調査は，目視点検がほとんどで，定量的な評価に至っていない。定量的に測定結果が出る調査方法を示すべきである。

(7) 対象とする劣化の見直し
・ひび割れ深さについては，判定基準と構造物の劣化状況の関係を明確にすべきである。

・例えば，塩化物イオン量測定方法のフルオレセイン法等一般的ではない調査方法は削除すべきである。

(8) 劣化予測方法の紹介
・調査結果を記録し，劣化予測に適用してはどうか。
・劣化予測式(塩害・中性化)を示してはどうか。

(9) 調査事例の追加
・構造物の実態調査結果を多く紹介してはどうか。
・各測定方法の実施状況や構造物に与える影響の大きさ等について示してはどうか。
・各試験の適用範囲，注意事項，調査にかかる時間や費用を示してはどうか。

付属資料

付属資料-2　電磁誘導法・電磁波反射法(レーダー法)によるコンクリート構造物の鉄筋位置およびかぶり測定手順（案）

1. 総　則

1.1　適用範囲

> 本測定手順(案)は，電磁誘導法および電磁波反射法(レーダー法)によって鉄筋コンクリート構造物の鉄筋位置およびかぶりを測定する場合の標準的な実施方法について記述したものである。

解　説
　鉄筋コンクリート構造物がその機能を満足するためには，埋設された鉄筋が健全な状態(腐食を生じていない状態)であることが前提である。しかし，鉄筋を保護する役割を担うかぶり部のコンクリートは，凍害や塩害，中性化によって鉄筋の保護性能を低下させ，すり減り作用等により薄くなる。
　このような性能の低下あるいは劣化は，構造物が長期間に供用されることによって進行するため，十分にかぶりが確保された鉄筋コンクリート構造物では，供用中に構造物の機能が損なわれることはない。このため，鉄筋コンクリート構造物の設計においては，構造物の耐久性を確保するために，構造細目としてかぶりの最小値が規定されるのが一般的である。また，施工に際しては，鉄筋組立て時にスペーサーを用いて設定されたかぶりが確保されるよう注意が払われている。しかし，コンクリート打設時の鉄筋の移動や，型枠の立上げ精度等の問題から，かぶり不足が生じる可能性が否定できない。
　鉄筋腐食の直接的な原因となる中性化や塩化物イオンの侵入は，コンクリートの表面から進行するものであり，かぶり不足はコンクリート構造物の劣化速度に密接に関連するものである。したがって，正確なかぶりを測定することで，コンクリート構造物の健全度診断や構造物の将来の耐久性予測を行ううえで非常に重要な情報を得ることができる。
　しかしながら，電磁誘導法および電磁波反射法によってかぶりを測定する場合，

付属資料-2　電磁誘導法・電磁波反射法によるコンクリート構造物の鉄筋位置およびかぶり測定手順(案)

必ずしも高い精度が確保されているとは言い難いのが現状である。これは，コンクリートのような不均質材料を測定することに起因する不確定要因のほか，鉄筋位置およびかぶりの適切な測定手順に関する標準的な方法が確立していないことも一因と考えられる．

このような状況に鑑み，本測定手順(案)では，構造物の定期点検あるいは詳細調査等において比較的使用頻度が高く，簡易な機器構成で計測可能な電磁誘導法と電磁波反射法について，これらの測定原理に基づいて鉄筋位置およびかぶりの測定を実施するための要点をまとめた。

1.2　鉄筋位置およびかぶり測定の基本

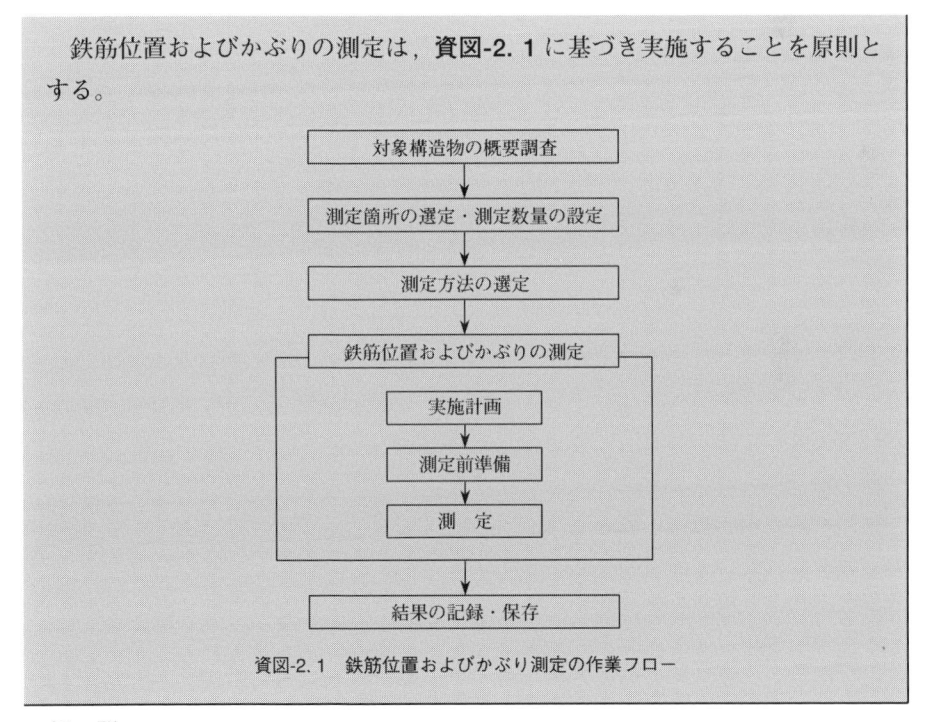

鉄筋位置およびかぶりの測定は，**資図-2.1**に基づき実施することを原則とする。

```
┌──────────────────────┐
│   対象構造物の概要調査   │
└──────────┬───────────┘
           ↓
┌──────────────────────┐
│ 測定箇所の選定・測定数量の設定 │
└──────────┬───────────┘
           ↓
┌──────────────────────┐
│     測定方法の選定      │
└──────────┬───────────┘
           ↓
┌──────────────────────┐
│  鉄筋位置およびかぶりの測定  │
│  ┌────────────────┐  │
│  │    実施計画     │  │
│  └────────┬───────┘  │
│           ↓          │
│  ┌────────────────┐  │
│  │   測定前準備    │  │
│  └────────┬───────┘  │
│           ↓          │
│  ┌────────────────┐  │
│  │     測　定      │  │
│  └────────────────┘  │
└──────────┬───────────┘
           ↓
┌──────────────────────┐
│    結果の記録・保存     │
└──────────────────────┘
```

資図-2.1　鉄筋位置およびかぶり測定の作業フロー

解　説

本測定手順(案)では，まず電磁誘導法ならびに電磁波反射法の測定原理の概略をまとめた。また，一般的に行われる鉄筋位置およびかぶり測定の流れを想定し，かぶり測定実施前の情報収集の手順とその際に必要と思われる項目についてまとめ

付属資料

た。次に，測定箇所や測定数量の選定，測定方法の選定，実施計画，鉄筋位置およびかぶり測定時の留意点に関する要点をまとめ，結果の記録方法等について述べる構成とした。

2. 構造物の概要調査

2.1 概要調査の基本

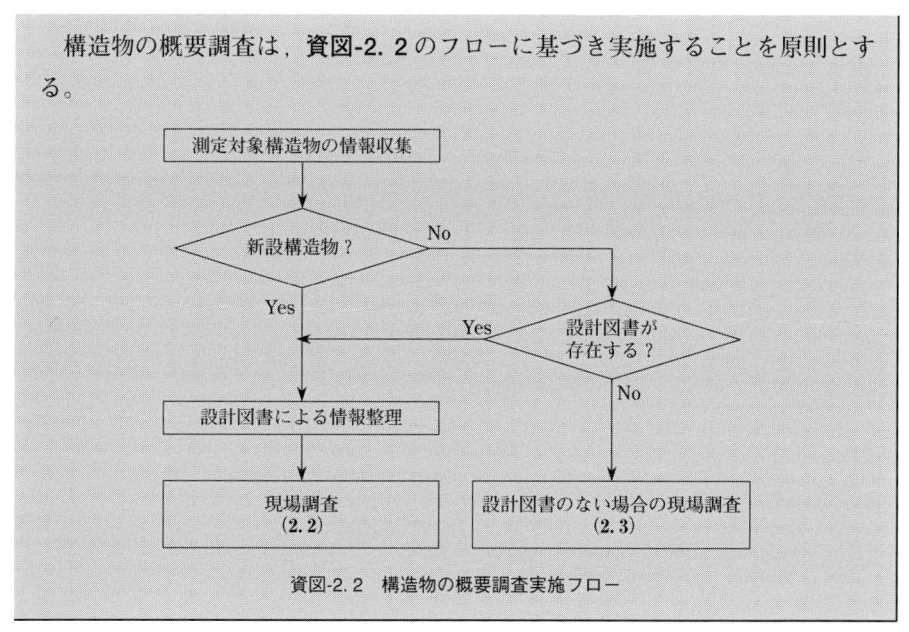

構造物の概要調査は，**資図-2.2**のフローに基づき実施することを原則とする。

資図-2.2 構造物の概要調査実施フロー

解　説

構造物の概要調査は，**資図-2.2**のフローによって実施する。すなわち，構造物の概要調査においては，対象構造物が新設の場合であれば，設計図書あるいは工事記録等に基づく情報収集が基本となる。また，その後は設計図書では得られない情報を現場調査によって補完する(**2.2**参照)。

対象構造物が既設の場合，設計図書あるいは工事記録等が存在しない場合があり，このような場合には現場調査が基本となる(**2.3**参照)が，いずれにしても鉄筋位置およびかぶりの測定を実施する前に構造物に関する必要かつ十分な情報を収集しておくことが重要である。

付属資料-2 電磁誘導法・電磁波反射法によるコンクリート構造物の鉄筋位置およびかぶり測定手順(案)

2.2 構造物の概要調査

> 構造物の概要調査は，設計図書，工事記録および現場調査により行い，鉄筋位置およびかぶりの測定に必要な情報を収集する。

解 説

新設構造物等で設計図書あるいは工事記録等が存在する場合には，それらをもとに，竣工時期，設計時の適用基準書，構造形式，構造物の規模，構造物の置かれている環境条件等の構造物の特徴を**資解図-2.1**のように整理する。

構造物名称		○○○高架橋
管 理 者		国土交通省○○工事事務所
所 在 地		○○県××市△△町
路 線 名 等		国道○○号線(No.10＋○○ ～ No.10＋××)
測定対象構造物の特徴	測定対象構造物	橋梁上部構造
	構造形式	2径間PCプレテンT桁橋
	諸 元	橋長60m，支間長2＠30m，幅員10m(片側歩道)，5主桁
	竣 工	平成10年3月
	塩害地域	なし(凍結防止剤不使用)
	交差物件	県道△△号○○？？線，JR○○本線
	現地盤からの高さ	2～5m
	足 場 等	なし
	荷重・重要度	B活荷重・B種の橋
	適用基準	道路橋示方書Ⅰ・Ⅲ(平成8年12月) コンクリート標準示方書(平成8年度)
足場等の必要性		あり (橋梁点検車による代用可能，ただし交差物件管理者との協議が必要)
補修履歴および検査履歴(既設の場合)		なし(新設橋)
備 考		

資解図-2.1 構造物概要票の記入例

付属資料

2.3 設計図書のない既設構造物での概要調査

> 設計図書あるいは工事記録のない既設構造物では，現場調査により鉄筋位置およびかぶりの測定に必要な情報を収集する。

解　説

設計図書のない既設構造物では，現場調査によって先に述べたような構造物の特徴・設置されている環境条件等を把握する。

測定原理や測定機種によって測定可能な条件が異なるため，精度良く鉄筋位置およびかぶりを測定するためには，測定対象構造物の特徴や設置条件に応じて測定原理や測定機種を選定する必要がある。すなわち，構造物の含水状態や配筋状況をあらかじめ把握しておくことが必要となる。設計図書がない構造物では，橋銘版等に記載されている竣工年度から設計時に適用した規準書を割り出すことで，ある程度の配筋状態を予測することができる。

3. 測定箇所の選定・測定数量の設定

3.1 測定箇所の選定

> 1) かぶりの測定箇所は，施工上かぶりが不足しやすい箇所や，耐久性上の損傷や劣化を受けやすい箇所を選定する。
> 2) 打音調査で異常が確認された箇所，かぶりコンクリートの一部をたたき落とした箇所は，測定箇所として選定するのがよい。

解　説

1) について

対象構造物のすべての鉄筋のかぶりを測定することは困難であることから，効率的に構造物の維持管理を実施していくことを念頭に測定箇所および数量を選定する。

かぶりの測定箇所は，施工上，かぶりが不足しやすい箇所を中心に選定する。土木研究所の既往の調査報告では，かぶりが確保できない原因として，鉄筋の加工・組立てのミス，スペーサーの数量不足，型枠の設置不良，コンクリート打設時の鉄筋の変形やずれ，施工方法に対する設計の配慮不足等が多いことが報告されている。これらのうち，コンクリート打設時の鉄筋の変形やずれについては，コンクリート

付属資料-2　電磁誘導法・電磁波反射法によるコンクリート構造物の鉄筋位置およびかぶり測定手順(案)

を片押しした場合や，薄い高い壁，広いスラブで特に多く見られる。また，コンクリート打設作業時に作業員が鉄筋の上を歩行したり，コンクリートポンプ配管の振動による要因も挙げている。特に，かぶりが浅く設計されている部分では，これらの要因からかぶり不足になりやすい。

　また，かぶりの測定値は，その後の構造物の定期点検で実施する中性化や塩化物イオン測定結果とともに，構造物のその時点での健全度やその後の劣化予測の評価において用いられる。このため，かぶりの測定箇所は，定期点検におけるこれらの測定箇所と一致させることが効率的である。本マニュアルには，**資解図-2.2** および**資解図-2.3** に示すようなかぶり不足が生じやすい床版下面や塩害を受けやすい海側面等を選定するよう記されているので，これを参考に測定箇所を選定するとよい。

　このほか，鉄道高架橋における竣工検査実施状況[1]では，1構造物につき2～3

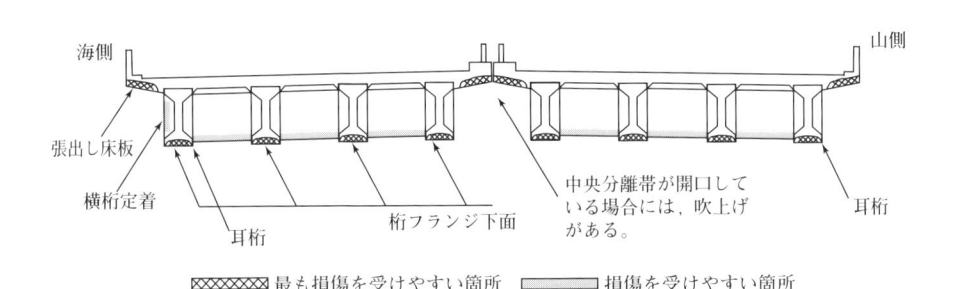

資解図-2.2　橋梁の定期点検の対象部位（T桁橋上部工の場合）

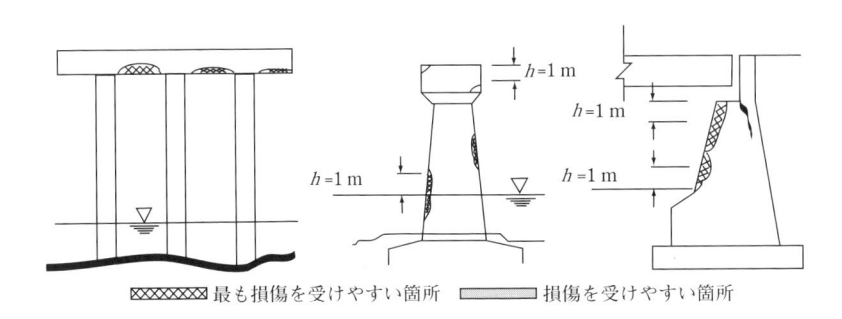

資解図-2.3　橋梁の定期点検の対象部位（下部工の場合）

箇所程度，測定箇所が選定され，構造物延長が 20 m を超える場合は，20 m ごとに 2 ～ 3 箇所程度としている。また，測定箇所 1 箇所当りの測定範囲については，1×1 m(面積：1 m^2)ないし 2×2 m(面積：4 m^2)程度で設定されることが多い。

2) について

打音調査で異常が確認された箇所，かぶりコンクリートの一部をたたき落とした箇所は，かぶりが不足し，構造物の劣化が進行しやすくなっている可能性が高い。したがって，これらの箇所については，かぶりの測定箇所として優先的に選定するのがよい。

3.2 測定数量の設定

> かぶりの測定数量は，かぶりの状態を把握し得る十分な量を設定する。

解 説

構造物全体のかぶりの状態状況を把握するためには，測定数量をできるだけ多くした方が望ましい。しかしながら，測定数量の増加に伴い，測定に要する時間やコストが増加するのは当然である。したがって，かぶりの測定数量については，可能な限り効率的よく，かぶりの情報が適切に把握し得る数量とするのが妥当である。

前項にて示した鉄道高架橋における竣工検査実施状況では，選定された測定箇所 1 箇所に対して 1 ～ 4 m^2 程度を目安として測定範囲が設定され，対象構造物の置かれている環境や，重要度を鑑み，適宜測定数量を調整しているという事例もあるので，これを参考にするとよい。

4. 測定方法の選定

> 測定方法は，測定原理の特長を十分に把握したうえで，対象構造物の概要，調査箇所と数量に基づいて選定する。

解 説

鉄筋位置およびかぶりの測定結果は，その後の定期点検等にも活用できる非常に重要な情報であるため，正確な測定結果が要求される。しかしながら，電磁誘導法あるいは電磁波反射法による鉄筋位置およびかぶりの測定結果は，対象構造物の概要や調査箇所，測定条件や測定環境，測定原理や測定器によって変化することが知

られている．したがって，鉄筋位置およびかぶりの測定方法の選定においては，測定精度への影響因子を理解し，条件に応じた適切な測定方法および測定機種（電磁誘導法および電磁波反射法の各機種）を選定し使用する必要がある．参考として，**資解表-2.1**に電磁誘導法と電磁波反射法の主な特徴の比較を示すので，これらを参考にするとよい．なお，電磁誘導法による測定では，かぶりが90 mm程度以下のかぶりの場合に，電磁波反射法による測定では，かぶりが90 mm程度以上のかぶりの場合に精度の良い結果が得られるとの検討結果がある[4]．

このほか，構造物によってはひび割れが生じている場合，エポキシ樹脂塗装鉄筋が使用されている場合，さらにはコンクリート表面に塗装が施してある場合があるが，これらの各要因が電磁誘導法あるいは電磁波反射法によるかぶりの測定結果に及ぼす影響については明確な知見が得られていないのが現状である．したがって，測定方法の選定に当たっては，これらの各要因が測定方法に及ぼす影響に留意しなければならない．

鉄筋位置およびかぶりの測定対象となる構造物は，様々な環境条件下にあり，同じ用途の構造物であっても，環境が変われば構造物に材料として要求される性能も変化する．どのような構造物かによって測定原理を選定することは，精度良く，かつ効率的に鉄筋位置およびかぶりの測定を行うためには非常に有効な手段なので，構造物の概要や測定箇所や数量を確認するのが重要である．

資解表-2.1　電磁誘導法と電磁波反射法の主な特徴の比較

影響因子＼測定方法	電磁誘導法	電磁波反射法
コンクリートの品質	影響を受けない	影響を受ける*
コンクリートの含水率	影響を受けない	影響を受ける*
鉄筋径	影響を受ける	影響を受けない
鉄筋以外の金属の混入	影響を受ける	影響を受ける

＊　電磁波反射法では，コンクリートの品質やコンクリートの含水状態により校正値であるコンクリートの誘電率が変化することに注意する必要がある．

5. 鉄筋位置およびかぶりの測定

5.1 実施計画

> 1) 鉄筋位置およびかぶりの測定に当たっては，測定が安全かつ効率的に実施できるよう，作業場所の確保や作業時の安全対策，測定前の構造物現況の確認，キャリブレーションの方法，測定時における人員の配置および記録方法，測定箇所の変更に対する対応等について事前に実施計画を策定する。
> 2) 新設構造物において鉄筋位置およびかぶりの測定を計画する場合は，施工中の仮設足場等を撤去する前に実施可能な計画を策定するのがよい。
> 3) 既設構造物において鉄筋位置およびかぶりの測定を計画する場合は，設計図書および現場調査により作業条件等を確認したうえで計画を策定する。

解　説

1) について

電磁誘導法あるいは電磁波反射法による鉄筋位置およびかぶりの測定は，定められた測定範囲内の鉄筋位置およびかぶりに関する必要十分な情報が得られるように安全かつ効率的に行われる必要がある。これを達成するためには，足場または高所作業車等による作業場所の確保，測定時の作業員の安全対策，測定に影響を及ぼす可能性のあるコンクリート表面のひび割れや表面塗装箇所，剥落部分等の確認，誘電率の設定方法等のキャリブレーションの方法(電磁波反射法の場合)，測定時における人員の配置や記録方法，さらには不測の事態による測定箇所の変更に対する対応方法等について，あらかじめ実施計画として策定しておくことが重要である。

2) について

新設構造物における鉄筋位置およびかぶりの測定結果は，定期点検時または竣工後の構造物に劣化現象が確認された場合等に，劣化原因推定のための基礎情報として有効に利用される。このほか，鉄筋位置およびかぶりは，剥離や剥落が生じない限り経年によって変化しないため，竣工前に測定した結果は，その後の点検時にも利用することが可能である。このため，新設構造物において適切にかぶりの情報を把握しておくことは有効である。

なお，橋梁上部工を竣工後に測定する場合には，調査時に高所作業車を必要とするなどのコストの増大が生じることがあるので，可能な限り施工中の足場を利用し

て測定を実施するのがよい。

3) について

　既設構造物における鉄筋位置およびかぶりの測定は，事前に作業条件を確認しておくことが重要である．すなわち，設計図書がある場合でも，施工当時と現在で周囲の条件が変化している可能性がある．このため，現場調査により測定時の構造物の状況を確認する必要がある．特に，橋梁上部工のように調査時に仮設足場や高所作業車を必要とする場合，仮設足場や高所作業車による作業が可能な範囲を確認したうえで計画することが重要である．

5.2 測定前準備

> 1) 鉄筋位置およびかぶりの測定前準備として，コンクリートの剥落状況，コンクリート表面のひび割れ状況，塗装箇所，エポキシ樹脂塗装鉄筋の使用箇所等について確認しておく．
> 2) 測定方法として電磁誘導法を選定した場合には，鉄筋径の影響を確認しておく．
> 3) 測定方法として電磁波反射法を選定した場合には，測定する箇所のコンクリートと同一の含水状態である箇所でのキャリブレーション(誘電率の測定)を実施する．

解　説

1) について

　新設構造物においては，鉄筋位置およびかぶりの測定結果は，構造物が設計図書どおりの配筋となっているかどうかを確認するためのみならず，その後のコンクリートの耐久性予測を行ううえで重要な基礎情報となる．また，既設構造物においても，コンクリートの剥落状況やコンクリート表面のひび割れ状況，あるいはコンクリート中の塩化物イオン含有量や中性化深さ等の調査結果と併用することにより，構造物の劣化診断や補修・補強の選定等に利用することができる．

　測定箇所におけるコンクリート表面のひび割れ状況や塗装された部分の範囲，エポキシ樹脂塗装鉄筋が使用された箇所等については，鉄筋位置およびかぶりの測定に影響を及ぼす可能性のある要因であると同時に，構造物の維持管理を行ううえで有益な情報となり得る．このため，これらについては測定前準備段階であらかじめ

確認し，記録しておくことが重要である。

2) について

電磁誘導法による鉄筋位置およびかぶりの測定においては，構造物に使用された鉄筋の径が測定値に影響を及ぼすことが知られている。このため，電磁誘導法により精度の良い鉄筋位置およびかぶりの測定を行うためには，測定前準備としてあらかじめコンクリート中の鉄筋径が測定結果に及ぼす影響を確認しておくことが重要である。

3) について

電磁波反射法による測定結果は，コンクリートの含水状態の違いによって影響を受けることが知られている。このため，電磁波反射法によって鉄筋位置およびかぶりを精度良く測定するためには，誘電率に関するキャリブレーションがきわめて重要である。

新設構造物に対して誘電率に関するキャリブレーションを行う場合には，コンクリート打設前に，かぶりが明確となるようなマーキング等の措置を施しておくことで，マーキング箇所からかぶりの真値を測定することが可能となるので，精度の良い測定が可能となる。

また，既設構造物に対して誘電率に関するキャリブレーションを行う場合には，はつり調査により鉄筋位置を実測することで，かぶり部分のコンクリートの誘電率を正確に定めることが可能となり，精度の高い測定が可能となる。

5.3 測　　定

1) 鉄筋位置およびかぶりの測定は，以下の手順を基本とする。
   ① 定められた測定範囲の周における鉄筋位置を推定する。
   ② 測定範囲周上の鉄筋位置から，測定範囲内における配筋状態を予測する。
   ③ 予測された配筋状態から，交差部と交差部の中点近傍を測定点としてかぶりを測定する。
2) 測定値にばらつきがある場合には，その原因を明らかにしたうえで再び測定する。
3) 電磁波反射法による測定の場合，測定範囲の含水状態が明らかに不均一な場合には，測定点ごとにキャリブレーションを行うか，または含水状態が均一とみなせる範囲を新たに選定して実施する。

解　説

1) について

　鉄筋位置およびかぶりの測定に用いる装置は，測定原理が同一であっても製造メーカーによって操作方法等に若干の相違があるが，ここでは，いずれの装置を使用した場合であっても，鉄筋位置およびかぶりを測定する際に基本となる共通の手順について述べることとした。

　本測定手順(案)で示した測定の流れでは，まず構造物の概要を調査し，測定箇所および数量を設定し，測定方法を選定する。鉄筋位置およびかぶりの測定は，設定された測定範囲すべてにおいて面的に鉄筋位置とかぶりの情報を得ることが維持管理上理想的ではあるが，費用や供用中の構造物に与える制約等を考慮すると，必ずしも効率的であるとはいい難い。したがって，本測定手順(案)では，まず設定された測定範囲の周における鉄筋位置を推定し，測定範囲周上の鉄筋位置から，測定範囲内における配筋状態を予測し，これに基づいて所定の地点におけるかぶりの測定を実施することを基本とした。また，かぶりの測定点に関しては，鉄筋と鉄筋が交差する部分では測定が困難であることを勘案し，交差部と交差部の中点近傍とした。

　なお，**資解図-2.4**に鉄筋位置の推定ならびにかぶりの測定の手順を図示したので，これを参考にするとよい。

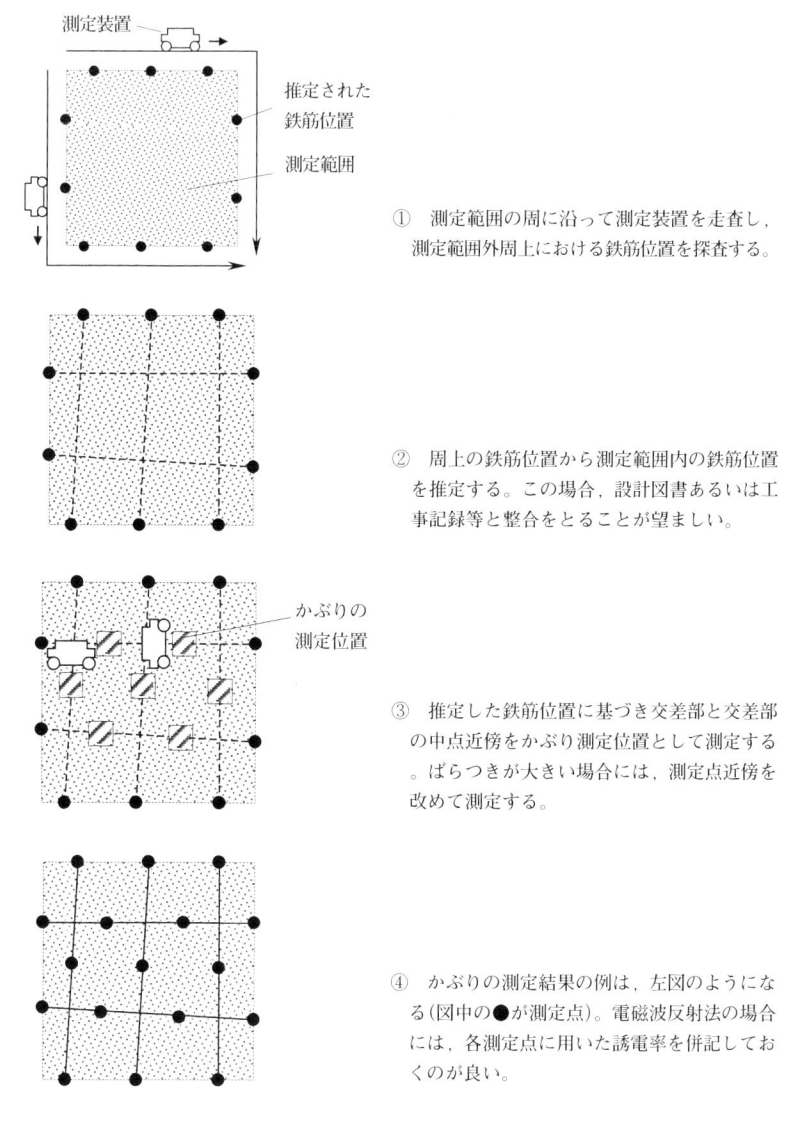

付属資料

① 測定範囲の周に沿って測定装置を走査し，測定範囲外周上における鉄筋位置を探査する。

② 周上の鉄筋位置から測定範囲内の鉄筋位置を推定する。この場合，設計図書あるいは工事記録等と整合をとることが望ましい。

③ 推定した鉄筋位置に基づき交差部と交差部の中点近傍をかぶり測定位置として測定する。ばらつきが大きい場合には，測定点近傍を改めて測定する。

④ かぶりの測定結果の例は，左図のようになる(図中の●が測定点)。電磁波反射法の場合には，各測定点に用いた誘電率を併記しておくのが良い。

資解図-2.4 鉄筋位置の推定ならびにかぶり測定の例

付属資料-2 電磁誘導法・電磁波反射法によるコンクリート構造物の鉄筋位置およびかぶり測定手順(案)

2), 3) について

　電磁誘導法ならびに電磁波反射法により鉄筋位置およびかぶりを測定した場合，設計図書あるいは工事記録からは想定され得ないばらつきのある結果となる場合がある。この理由としては，実際にかぶりがばらついているためであるほか，金属片等の異物の混入やコンクリートの含水状態の極端な違い等が考えられ，この場合には鉄筋位置やかぶりが異常であると判断するのは早計である。したがって，測定結果にばらつきの大きい値がある場合には，当該の測定地点近傍を改めて測定し，ばらつきの生じた原因を明らかにすることが重要である。

　また，電磁波反射法による測定において，測定範囲の含水状態が大きく変化している場合には，測定結果も大きくばらつくことが予想される。この場合には，測定点ごとにキャリブレーションを行うか，または含水状態が均一とみなせる範囲を新たに選定して実施するのがよい。

6. 結果の記録と保存

6.1 結果の記録

> 鉄筋位置およびかぶりの測定結果については，以下の項目について記録する。
> ① 構造物の概要記録
> ② 測定結果記録(一覧表)
> ③ 測定記録(測定状況記録写真)
> ④ 電磁誘導法あるいは電磁波反射法による検出波形等

解　説

　構造物の維持管理を効率的に行うため，鉄筋位置およびかぶりの測定を実施する際に入手した構造物の概要を整理し，構造物名称，管理者，所在地，路線名等，測定対象構造物の特徴，足場等の必要性，補修履歴，構造形式，完成年月，設計基準，コンクリートの設計基準強度，設計の鉄筋間隔，設計のかぶり厚さ，施工業者，調査年月等の項目について記入する。

　測定結果記録には，試験方法(選択した測定原理)，測定箇所(構造一般図)，測定点の詳細な位置，構造物の現況(ひび割れ，剥離，錆汁等)，測定数量，装置名，測定者名，測定結果(鉄筋位置およびかぶりの測定値)等の項目が必要である。また，電磁波反射法においては，測定に先立って較正に用いたコンクリートの誘電率等の

付属資料

キャリブレーション結果や，コンクリートの含水状態等に関する内容も記録すべき項目として必要である。

測定記録には，構造物全景および路下状況や各測定範囲および調査状況等を写真で記録しておくことが望ましい。

電磁誘導法あるいは電磁波反射法により取得したデータは，整理した結果を確認するために有効である。

6.2 結果の保存

> 非破壊試験によるコンクリート構造物の鉄筋位置およびかぶりの測定結果については，適切な方法で記録しなければならない。

解　説

鉄筋位置やかぶりの測定結果は，かぶりコンクリートに物理的な変状が生じない限り大きく変化することはない。このため，測定された鉄筋位置およびかぶりの測定結果は，適切な方法で記録，保存し，有効に活用することが重要である。

参考文献
1) 古谷：JR東日本におけるコンクリートの品質管理，コンクリート工学，Vol.39，No.5，2001.5
2) 建設省土木研究所：コンクリート施工の改善法に関する調査報告書，土木研究所資料，1987.2．
3) 建設省土木研究所他：コンクリート構造物の健全度診断技術の開発に関する共同研究報告書，1998.3．
4) 独立行政法人土木研究所他：コンクリート構造物の鉄筋腐食診断技術に関する共同研究報告書―電磁誘導法・電磁波反射法による鉄筋位置およびかぶりの測定―，2003.3．

付属資料-2 電磁誘導法・電磁波反射法によるコンクリート構造物の鉄筋位置およびかぶり測定手順(案)

記入用紙例 ①

構 造 物 概 要 票

構造物名称		
管 理 者		
所 在 地		
路 線 名 等		
測定対象構造物の 特　　徴	測定対象構造物	
	構 造 形 式	
	諸　　元	
	竣　　工	
	塩 害 地 域	
	交 差 物 件	
	現地盤からの高さ	
	足 場 等	
	荷重・重要度	
	設 計 基 準	
足場等の 必 要 性		
補修履歴 および 検査履歴 (既設の場合)		
備　　考		

付属資料

記入用紙例 ②

測 定 記 録

整 備 局	事 務 所 名	出 張 所 名	路 線 名	完 成 年 月		
橋 梁 名	構造部形式	設計基準	コンクリート設計基準強度	設計鉄筋間隔	主筋	配力筋 mm
					mm	mm
施 工 業 者	調 査 年 月	試験方法	測定部位	設計かぶり	主筋 mm	配力筋 mm

橋梁一般図（測定箇所を明示する）

158

付属資料-2　電磁誘導法・電磁波反射法によるコンクリート構造物の鉄筋位置およびかぶり測定手順(案)

記入用紙例　③

測　定　記　録

橋　梁　名		調査年月日	
		天　候	温度　　　℃，湿度　　　%

かぶり測定結果図

※ひび割れ，剥離，塗装等がある時は，これらの情報も併記しておく。
※電磁波反射法の場合，各測定点に用いた誘電率も併記しておく。

159

付属資料

記入用紙例 ④

測　定　記　録

橋梁名	

	撮影内容
	特記事項

	撮影内容
	特記事項

	撮影内容
	特記事項

付属資料-2　電磁誘導法・電磁波反射法によるコンクリート構造物の鉄筋位置およびかぶり測定手順(案)

付録　電磁誘導法および電磁波反射法の原理と特徴

(1) 鉄筋位置およびかぶりを測定する非破壊試験方法

　鉄筋のかぶりを非破壊で測定する方法としては，電磁誘導法，電磁波反射法，放射線透過法および超音波法がある。電磁誘導法は，コイルが巻かれたプローブに一次交流電源を流して交流磁場を発生させ，その磁場中に鉄筋が存在した場合に生じる二次電流から，発生した電圧の変化を把握し，コンクリート中の鉄筋のかぶりを評価するものである。放射線透過法は，医療分野で使われるいわゆるX線法と同様のものであり，コンクリート構造物に放射線を透過させ，鉄筋により生じる影を解読する方法である。電磁波反射法は，レーダー法と称されるもので，放射した電磁波が電気的に性質の異なる物質境界の存在により反射される現象を応用した測定手法である。また，超音波法は，コンクリート中を伝播する音波が鉄筋とコンクリート等の異種物質間の境界面で反射あるいは回折する性質を利用したもので，送信探触子からコンクリート中に伝播した超音波の反射音を受信探触子で検出し，その間の所要時間を用いて距離を算出し，鉄筋位置を測定する方法である。これら4方法のうち，放射線透過法は，実際の使用に当たっては法的な規制等の特殊性があるので，ここでは触れないこととした。また，超音波法も精度面で不明確な点があるので対象外とした。

　各方法の特徴を**資付表-2.1**に示す。

資付表-2.1　鉄筋位置計測手法の評価

測定手法	精度	使いやすさ	実績	経済性	その他
電磁誘導法	○	◎	◎	◎	—
電磁波反射法	○	◎	◎	◎	—
放射線透過法	◎	△	○	△	要資格
超音波法	△	◎	○	○	

◎：優れている　　○：普通　　△：劣る

(2) 電磁誘導法

　電磁誘導法は，交流磁場によって鉄筋に生じる二次電流によって鉄筋位置およびかぶりを測定する方法であり，試験コイルに交流電流を流すことによってできる磁界内に試験対象物を配置することによって試験を行う。

付属資料

　資付図-2.1に試験コイルと鉄筋の配置を示す。導線を円形に巻いた試験コイルに交流電流を流すと、時間的に変化する磁束が発生する。この磁束は、試験コイルを貫いているので、起電力が試験コイルに生じる（ファラデーの電磁誘導の法則）。試験コイルの磁束に影響を及ぼす因子は、大きく分けて2つあり、磁束の通しやすさを示す透磁率と鉄筋の導電率である。鉄の透磁率は、コンクリートに比べて桁違いに大きいので、鉄筋の存在による透磁率の変化は、磁束を大きく変化させる。また、**資付図-2.2**で示したような電磁誘導現象は、鉄筋の内部でも起こる。図に示すように、試験コイルが作る正弦波状の磁束を接近させた鉄筋の表面や内部にも試験コイルと同様に起電力が生じる。鉄筋は良導体なので、鉄筋の内部には渦電流と呼ばれる電流が流れる。この渦電流は、鉄筋の導電率によって変化するが、試験コイルの作ったものとの磁束を打ち消す方向に、磁束を生じる向きに流れる。

　電磁誘導現象によって鉄筋に発生する渦電流は、作用する交流磁束の周波数が高い方が多く発生するため、周波数が低い場合には渦電流が減少し、鉄筋の透磁率の変化が支配的となる。このような場合には、鉄筋の磁気的な特性のみに影響を受けるので磁気的試験法、周波数が高く渦電流が主体となって磁束に変化を与える場合には、渦流試験法と呼ばれている。

　電磁誘導法による鉄筋探査装置は磁場を形成し、その影響度を求めるためのプローブと、磁場の変化により発生した電圧測定をするための測定機器により構成され

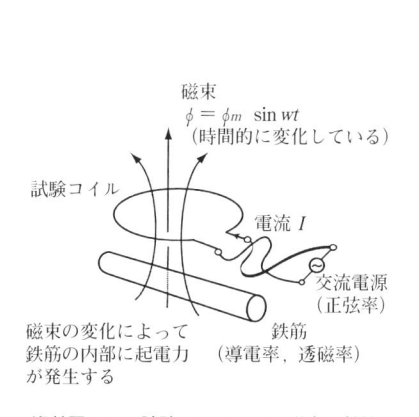

資付図-2.1　試験コイルによる磁束と鉄筋

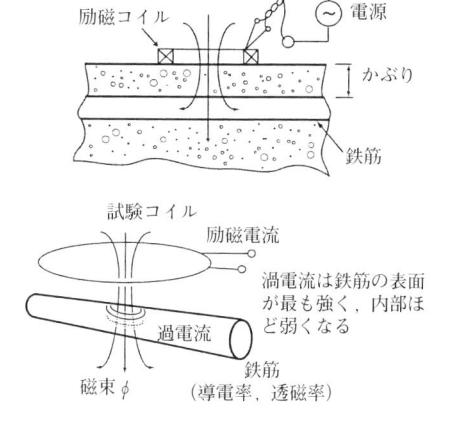

磁束
$\phi = \phi_m \sin wt$
（時間的に変化している）

試験コイル
電流 I
交流電源（正弦率）
鉄筋（導電率，透磁率）
磁束の変化によって鉄筋の内部に起電力が発生する

資付図-2.2　鉄筋中に発生する渦電流

励磁コイル
電源
かぶり
鉄筋
試験コイル
励磁電流
渦電流は鉄筋の表面が最も強く、内部ほど弱くなる
過電流
磁束 ϕ
鉄筋（導電率，透磁率）

る。電磁誘導法の測定原理を**資付図-2.3**に，測定フローを**資付図-2.4**に示す。このコイルの電圧の変化は，鉄筋の径・寸法やコンクリート表面からの距離により変化するため，この関係を活用して，鉄筋のかぶり，位置あるいは鉄筋径等を評価している。

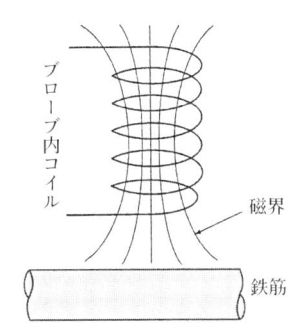

資付図-2.3　電磁誘導法の測定原理

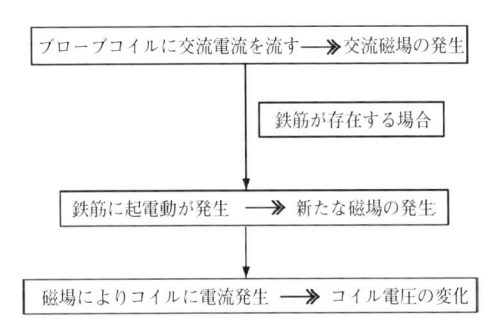

資付図-2.4　電磁誘導法の測定フロー

(3) 電磁波反射法（レーダー法）

電磁波反射法は，放射した電磁波が電気的に性質の異なる物質境界により反射される現象を応用し，鉄筋位置およびかぶりを測定する方法であり，地中埋設物や地盤下の空洞探査を目的として，装置の開発および実用化が進められたものである。コンクリート構造物へ適用されはじめてから日が浅いが，鉄筋探査あるいは豆板，ジャンカ等の欠陥部の把握に利用されている。

電磁波反射法の測定原理は，**資付図-2.5**に示すように，アンテナからコンクリート表面に向けて放射された電磁波が，コンクリート中に存在する電気的な性質の異なる鉄筋，空洞等の境界面により反射され，受信アンテナでキャッチされる。電磁波が放射されてから，対象物で反射されて再びアンテナで受信されるまでの時間と電磁波の速度から，鉄筋あるいは欠陥部までの距離を求めることができる。また，この時にアンテナを移動して鉄筋からの反射波を受

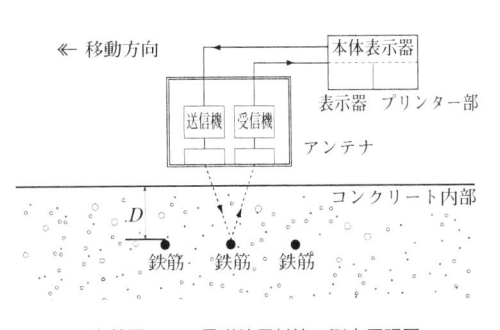

資付図-2.5　電磁波反射法の測定原理図

信すれば，鉄筋の位置が測定できる．

　コンクリートの浅い部分を高い分解能で探査する必要があるため，アンテナから放射される送信波には，パルス幅のきわめて短い電磁波が用いられている．コンクリート中での電磁波の伝播速度 V は，次式で表される．

　対象物との境界面までの距離 D は，発信時刻から反射波の受信時刻までの時間差 T より，次式で算出する．

$$V = \frac{C}{\sqrt{\varepsilon_r}} \tag{1}$$

ここで，　C：真空中(空気中)での電磁波の速度(3×10^8 m/s)，
　　　　　ε_r：コンクリートの比誘電率(おおむね6～12程度)

$$D = \frac{VT}{2} \tag{2}$$

　対象物と境界面までの距離 D を算出するもととなる電磁波の速度は，式(2)に示したように，コンクリートの比誘電率の影響を大きく受ける．比誘電率の大小は，コンクリートの組成等の影響もあるが，含水率の影響がきわめて大きい．精度を向上させるためには，この補正が重要なポイントである．反射波形の模式図を**資付図-2.6** に示す．また，対象物の材質等は，**資付図-2.7** に示したように，反射波の波形を観察することにより判断することができる．

反射波の特徴
① 比誘電率の小さな物質から大きな物質へ電磁波が入射する場合には，反射波の位相は反転する(空洞からコンクリート，コンクリートから鋼材，など)．
② 比誘電率の大きな物質から小さな物質へ電磁波が入射する場合には，反射波の位相は反転しない(コンクリートから空洞，など)．

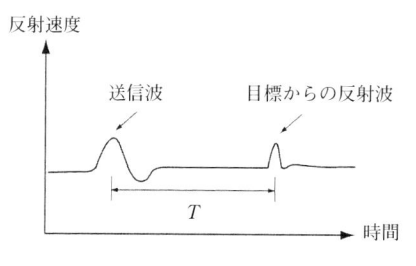

資付図-2.6　反射波形の模式図

付属資料-2 電磁誘導法・電磁波反射法によるコンクリート構造物の鉄筋位置およびかぶり測定手順(案)

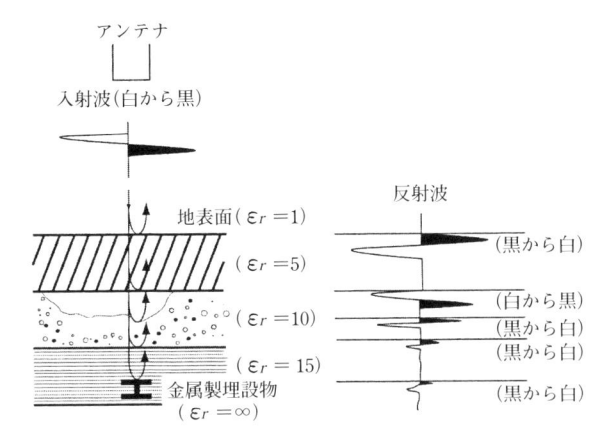

アンテナ

入射波(白から黒)

地表面($\varepsilon_r = 1$)
($\varepsilon_r = 5$)
($\varepsilon_r = 10$)
($\varepsilon_r = 15$)
金属製埋設物
($\varepsilon_r = \infty$)

反射波
(黒から白)
(白から黒)
(黒から白)
(黒から白)
(黒から白)

資付図-2.7 反射した電磁波の波形

付属資料

付属資料-3　コンクリート中の鋼材の自然電位測定方法に関する検討

　自然電位法は，コンクリート中の鋼材の腐食診断手法としてしばしば用いられている。この測定方法は，測定が比較的簡易に行える長所があり，土木学会の試験規準としても取り上げられている。しかし，測定結果から得られた自然電位の値の再現性，測定面の湿潤条件，鋼材と測定点の位置関係の影響等，まだ不明な点も残されている。

　本資料は，これらの疑問点を明らかにするために実施した試験計測の結果をまとめたものである。

1. 実験の目的

　自然電位法は，コンクリート中にある鋼材の腐食の可能性を判定するための非破壊試験方法として土木学会規準に採択され，簡易に実施できる長所を有しているものの，いくつかの点で明らかになっていない検討項目が残されている。鋼材腐食に関してより正確な判定を下すためには，これらの課題を解決することが望まれている。特に，用いる照合電極の違いや測定面の含水状態，測定位置と鋼材位置の位置関係が自然電位の値に及ぼす影響については，早急に明らかにすべきであると考えられる。ここでは，2つのシリーズの供試体(A供試体とB供試体)を製作し，自然電位の測定を行い，上記の課題について検討を行った。なお，測定に用いた照合電極は，水銀酸化水銀，飽和塩化銀，鉛，飽和硫酸銅の4種類である。

2. 試験条件

2.1　供　試　体

　塩分量は0および9 kg/m³の2種類とし，レディーミクストコンクリートに所定量の塩化ナトリウムを加え，練り混ぜを行った後，打ち込んだ。鉄筋はJIS G 3149，SS400のみがき丸鋼Φ13 mmを用いた。養生条件は7日間湿空養生後に室内放置とし，材齢約3週で測定面以外の5面について塗装した。使用したコンクリートの種類と配合を**資表-3.1**および**資表-3.2**に示す。

付属資料-3　コンクリート中の鋼材の自然電位測定方法に関する検討

資表-3.1　コンクリートの種類

水セメント比 W/C (%)	コンクリートの種類による記号	呼び記号	スランプ (cm)	空気量 (%)	粗骨材の最大寸法 (mm)	セメントの種類による記号
55	普通	21	8	4.5	25	普通ポルトランド
70	普通	13.5	8	4.5	25	普通ポルトランド

資表-3.2　コンクリートの配合

水セメント比 W/C (%)	細骨材率 s/a (%)	単位水量 W (kg/m^3)	単位セメント量 C (kg/m^3)	単位細骨材量 S (kg/m^3)	単位混和材量 AE (kg/m^3)
55	44.3	158	288	1 018	3.08
70	45.3	159	228	1 026	2.44

2.1.1　A供試体

A供試体は，含有塩分量と自然電位の測定値が腐食傾向とどのような関係があるか，測定方法(照合電極)によって測定値が異なるか，含水率(測定前の湿潤条件)によって測定値が異なるかどうかを検討する目的で，作製した。その形状および電位測定位置を**資図-3.1**に示す。A供試体の種類の表記方法は，例えば水セメント比55％で塩分量が9 kg/m^{3}の供試体はA-55-9と表すこととする。

2.1.2　B供試体

B供試体は，照合電極の設置位置と鉄筋位置との関係で測定値が異なるかどうかを検討するために作製した。その形状および電位測定位置を**資図-3.2～3.4**に示す。

B-1供試体は水平方向に塩分量が異なる環境中に鉄筋がある場合，すなわちマクロセルが水平方向に位置する場合で，このマクロセルをオン・オフできる構造とした。

B-2供試体は1本の鉄筋が塩分量の異なる環境中にある場合，B-3供試体は上下に塩分量が異なる環境に鉄筋がある場合である。

付属資料

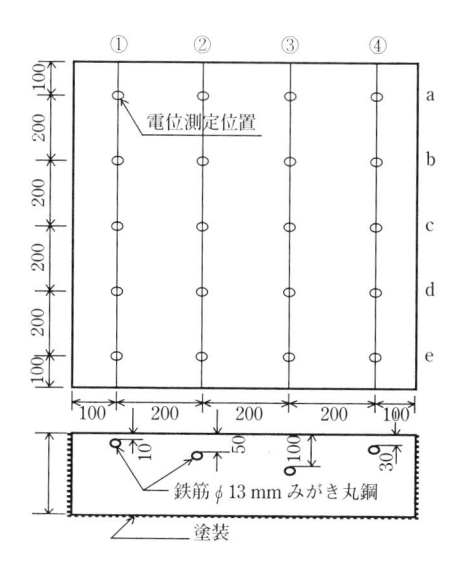

資図-3.1　A 供試体

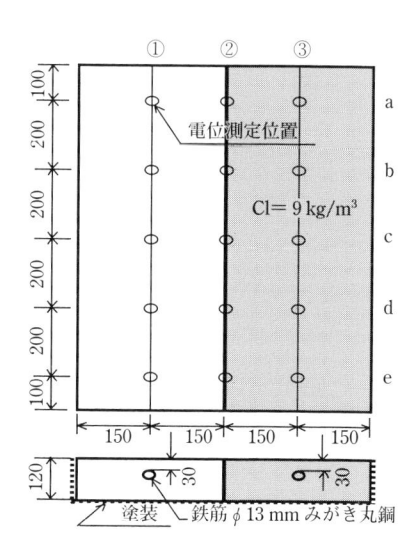

資図-3.2　B-1 供試体

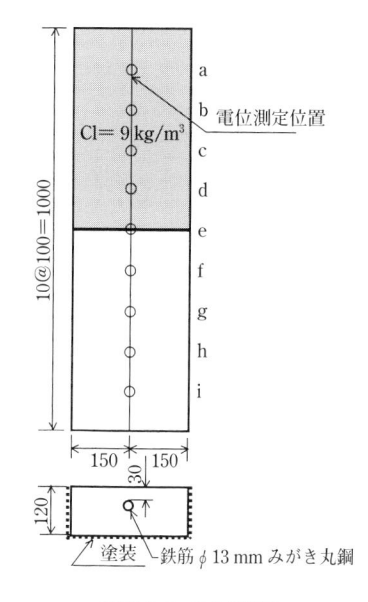

資図-3.3　B-2 供試体

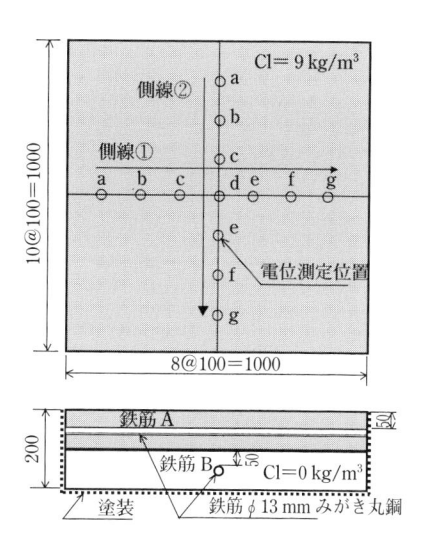

資図-3.4　B-3 供試体

3. 結果と考察

3.1 塩分量の違いについて
3.1.1 A供試体での測定

　自然電位測定結果の一例を**資図-3.5**に示す。その結果は，コンクリート中の塩分量の有無による鉄筋の腐食傾向をとらえていた。なお，測定結果は飽和硫酸銅電極基準に換算して表示した。また，**資図-3.6**に飽和硫酸銅電極の測定結果を示す。

　このように，含水状態を同じにして同一供試体のコンクリート中の鉄筋の自然電位を測定した場合，得られる自然電位は，照合電極の種類によらずほぼ同じ値を示している。すなわち，照合電極の換算を適切に行えば，異なる照合電極を用いていても，再現性が非常に高い測定結果が得られるものと考えられる。

　なお，かぶりの影響および水セメント比による差は明確には認められなかった。

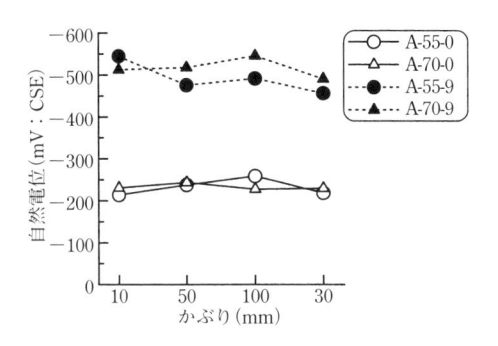

資図-3.5　供試体における自然電位測定結果
（酸化水銀電極）

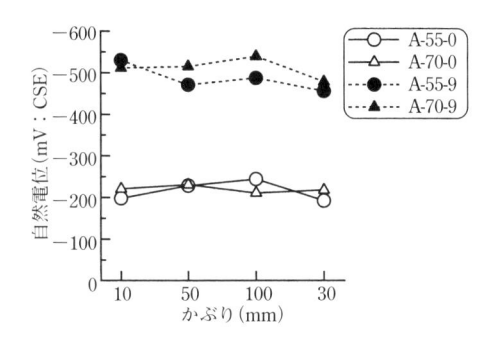

資図-3.6　供試体における自然電位測定結果
（飽和硫酸銅電極）

3.1.2 B供試体での測定

　資図-3.7は，供試体中央を境にして塩分量を変化させたB-2供試体での自然電位の軸方向分布の測定結果を示したものである。図中には，照合電極として水銀酸化水銀(HgO)および飽和硫酸銅電極($CuSO_4$)を用いた場合を示している。自然電位の測定結果は，塩分量が変化している所で自然電位の値も変化し，コンクリート中の塩分量の多い側で自然電位は卑な値を示している。塩分量が少ない側で，照合電極が異なる場合の測定結果に若干の差が認められるものの，上記の傾向はいずれの場合でも明確に認められる。このことから，一本の鉄筋が腐食環境条件の異なる領

付属資料

域を貫いている場合でも，塩分量の大小に応じた腐食状況の違いが自然電位に反映されるものと考えられる。

なお，資図-3.7 中には同一の水セメント比のコンクリートを用いた場合の供試体 A-55-0 および供試体 A-55-9 で，B-2 供試体と同じかぶりを持つ場合の自然電位の測定結果を一点鎖線で示している。A-55-9 供試体での測定結果と比較すると，B-2 供試体の塩分量が多い領域での測定結果とほぼ同じ値が得られている。

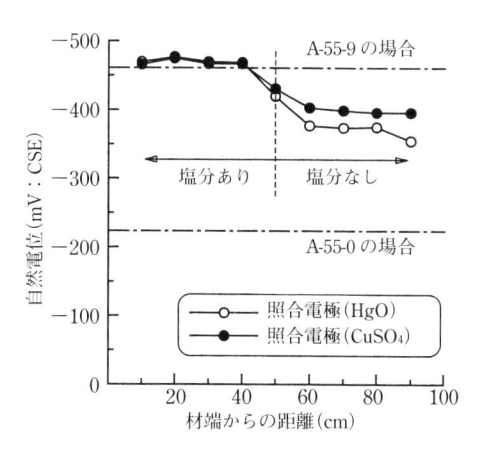

資図-3.7　B-2 供試体で測定した自然電位の分布

一方，B-2 供試体で塩分を含まない領域と A-55-0 供試体での測定結果を比較すると，B-2 供試体での電位はかなり卑な方向にずれていることがわかる。これは，マクロセルの形成による分極の影響が現れたためであると考えられるが，詳細については B-1 供試体での測定結果の考察で述べることとする。

3.2　含水状態の違い

測定面の含水状態について，湿潤状態にする時間を変化させた場合について以下に記述する。A 供試体シリーズについて，自然電位を測定する 10 分前，30 分前，および 1 時間前に測定面に湿布をおき，測定まで湿潤状態に保つこととした。

資図-3.8 は各供試体で測定した湿潤直後の含水率測定結果を示したものである。測定点数は，各供試体当りほぼ等間隔に 16 点であり，図に示した値はその平均を求めたものである。測定装置は 2 台でいずれも表面水分計(静電容量式水分計)を用いた。2 台の装置で測定した結果はほぼ同じ値を示したので，資図-3.8 はそのうちの 1 台の測定結果を示したものである。この結果によると，湿潤

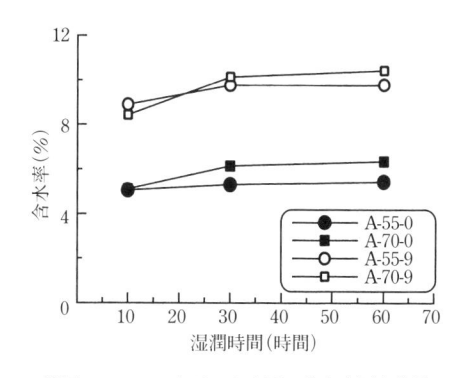

資図-3.8　コンクリート表面の含水率測定結果

時間が長くなるほど含水率の測定値は大きくなる傾向が認められるものの，その増加量はわずかである。それに比べると，コンクリート中の塩分量の大小が大きな影響を及ぼしていて，水セメント比に関わらず塩分量の多い方が含水率は大きくなる結果を与えていた。

資図-3.9は湿潤時間を変化させた場合の供試体の自然電位の測定結果を示したものである。照合電極として，飽和塩化銀電極を用いた場合を示している。

この結果によると，塩分を含まない供試体 A-70-0 では，湿潤時間を 10 分とした場合，30 分以上の湿潤時間を確保した場合と比べて明らかに貴な電位になっていて，おおよそ 20 mV 程度の差が生じている。湿潤時間を 30 分および 60 分とした場合の差はほとんど生じていない。

一方，塩分を含む供試体については，かぶりが 10 mm の場合を除いては，湿潤時間の違いは測定結果にほとんど影響を与えていない。

以上の結果を総合すると，次のことがいえる。すなわち，コンクリート表面での含水率の測定値は，湿潤時間に伴い増加し，コンクリートの含水量を反映したものであることが明らかになった。しかし，コンクリート中に塩分を含まない供試体において，自然電位の値に明らかに差が生じる 10 分の湿潤時間から，自然電位の値

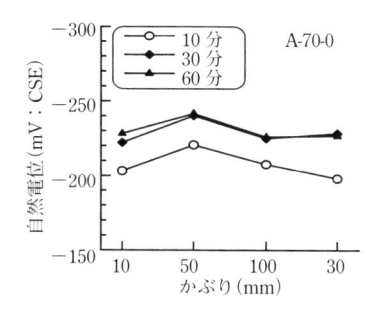

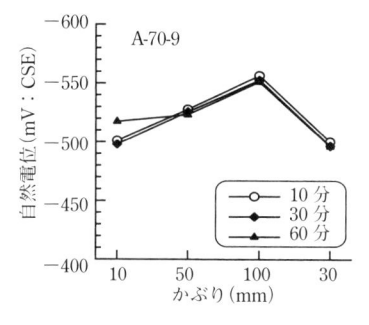

資図-3.9 湿潤時間と自然電位の関係
（A 供試体）
（上：塩分 0 kg/m³，下：9 kg/m³）

が安定する 30 分の湿潤時間までの含水率の増加量は，A-55-0 で 0.25 %，A-70-0 で 1.04 %と，非常にわずかであること，またコンクリート中の塩分量が及ぼす影響がこれよりもはるかに大きいことから，自然電位測定に当たっての測定面の湿潤条件を含水率の値で規定することは困難であると考えられる。なお，今回の試験結果によると，塩分を多く含むコンクリートでは表面の含水状態にあまり注意を払わなくても，ほぼ一定の自然電位が得られる（含水状態にあまり依存しない）が，かぶりが非常に小さい場合は湿潤状態の違いが大きな影響を及ぼす場合もある。この理由については今のところ不明であり，今後の検討課題である。

付属資料

3.3 複数の鉄筋が存在する場合

自然電位を測定する場合の測定位置については，鉄筋の直上とするのが原則である。しかし，場合によっては，鉄筋の直上にない位置で自然電位を測定する場合もあり，このような場合での自然電位の測定結果の解釈は必ずしも明らかにされていないものと考えられる。ここでは，複数の鉄筋が存在する場合の測定点の捉え方について検討することとした。

3.3.1 2本の鉄筋が平行に配置されている場合

それぞれの鉄筋を個別に接合して自然電位を測定した場合，および2本の鉄筋を短絡させて自然電位を測定した場合について検討を行う。自然電位の測定地点と鉄筋の位置関係は**資図-3.2**に示すとおりである。**資図-3.10**は，酸化水銀電極を照合電極として測定した自然電位の結果を示したものである。鉄筋Aに接続して自然電位を測定した場合，自然電位の測定結果は$-220 \sim -280$ mV(vs CSE)となっていて，測定位置によってわずかに差が生じている。一方，鉄筋Bに接続して測定した場合は，$-420 \sim -480$ mV(vs CSE)となった。Aシリーズの供試体で単体の鉄筋について測定した場合，A鉄筋と同じ条件に相当する場合の測定結果は-220 mV程度，B鉄筋に相当する場合の測定結果は-460 mVとなった。したがって，B-1供試体において各鉄筋個別に接続した場合に測定された自然電位は，おおむねA供試体で測定した自然電位の値と一致していることがわかる。ただし，測定位置と鉄筋の位置関係について考えると，鉄筋Aおよび鉄筋Bとも，鉄筋直上で測定した値と鉄筋から離れた位置で測定した値には60 mV程度の差が生じていて，鉄筋直上で測定した値の方がA供試体で単体の鉄筋について測定した値に近くなっている。以上の結果から，自然電位の概略値を得るには，測定対象となる鉄筋から離れた地点で測定してもよいが，より正確な測定結果を得るためには，測定対象となる鉄筋直上で測定することが原則であるといえる。

次に，A鉄筋とB鉄筋を短絡させた場合，B鉄筋の直上の自然電位は短絡によ

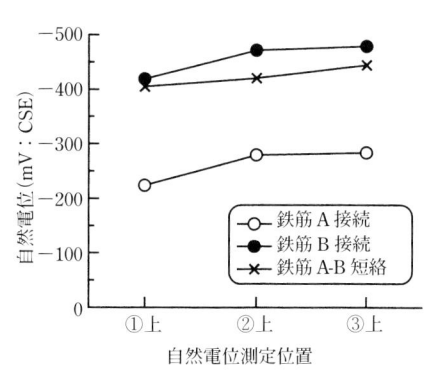

資図-3.10 B-1供試体自然電位測定結果

りわずかに貴な方向にシフトし，A鉄筋直上の自然電位は大幅に卑な方向にシフトした。このような電位のシフトが生じた理由は短絡によりマクロセルが形成され，分極が生じたためであると考えられる。ここで，塩分を含まない鉄筋A側の方が分極抵抗は大きかったために分極による電位の変動が大きかったと考えられる。実構造物では鉄筋は電気的に導通のある状態に置かれているものと考えられるので，B-1供試体のように，各鉄筋が短絡した状態で測定しているものと考えられる。したがって，マクロセルの形成状況によっては，カソード側となる鉄筋でも分極の影響により卑な電位が測定される場合があると考えられる。

3.3.2 2本の鉄筋が直交している場合

2本の鉄筋を直交して配置した供試体B-3の自然電位測定結果について検討する。この場合もそれぞれの鉄筋を単体で接続する場合と，短絡させてから測定した場合の2通りの方法をとった。供試体は**資図-3.4**に示すとおりであり，上層部は塩分($9\,kg/m^3$)を含み，下層部は塩分を含んでいない。測線①は，塩分を含む上層側にかぶり$3\,cm$で配置されたA鉄筋の直上であり，測線②は，塩分を含まない下層にかぶり$15\,cm$で配置されたB鉄筋の直上に位置している。

自然電位の測定結果を**資図-3.11**に示す。この結果によると，各鉄筋個別に接続して測定した自然電位の値は，測定位置によらずほぼ一定の値になっていて，A鉄筋に接続した場合はA鉄筋の，B鉄筋に接続した場合はB鉄筋の自然電位が測定され，接続されていない鉄筋の影響は全くないと考えられる。ここでB-1供試体で

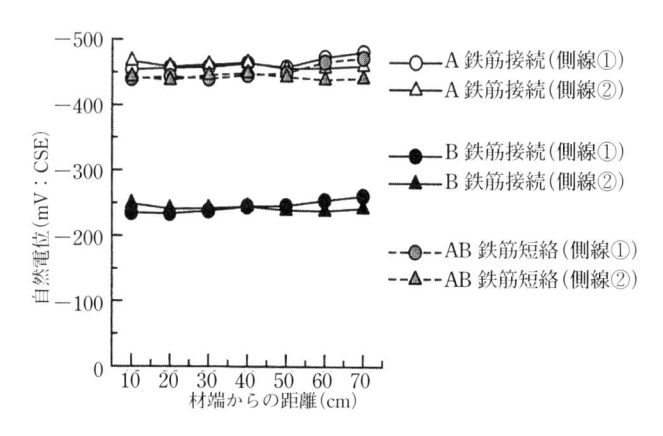

資図-3.11　B-3供試体自然電位測定結果

は，供試体の鉛直打継位置でコンクリートの含有塩分量が変化していたため，測定位置(①上，②上，③上)によって電位の測定結果に差が生じている。しかし，B-3供試体は水平打継位置を境にして塩分量を変化させているため，測線上での塩分量は同一である。このために，B-3供試体ではB-1供試体と異なり，測定位置によって自然電位の値にほとんど差が認められなかったものと考えられる。

また，A鉄筋，B鉄筋を短絡させた場合の自然電位の値はB-1供試体の場合と同様に，分極の影響を受け，塩分を含まないB鉄筋側の電位が卑な方向に移動したものと考えられる。

4. まとめ

以下に，試験計測の結果，自然電位の測定方法に関して明らかになった点について示す。

1) コンクリート中の含有塩分量の大小による鉄筋の腐食傾向の差は，自然電位を測定することにより明確に区別することができる。
2) 照合電極を変えても，キャリブレーションと換算を適切に行えば，照合電極の違いによる差はほとんど認められない。
3) 測定面の湿潤時間が異なると，得られる自然電位の値に差が生じる場合がある。今回の試験結果によると，コンクリート中に塩分を多く含む場合ではほとんど差が生じていないが，塩分量を含まない場合には湿潤時間による測定値に差が認められ，少なくとも30分程度以上の湿潤時間が必要になると考えられる。
4) 自然電位を正確に測定するには，鉄筋直上に測定位置を設ける必要がある。ただし，簡易に自然電位の概略値を把握したい場合は，特に鉄筋位置の直上に測定位置を限定しなくてもよいものと考えられる。
5) 腐食傾向の異なる鉄筋を短絡させた場合に測定された自然電位は，マクロセルの形成による分極が生じるため，腐食を生じないと考えられる鉄筋であっても卑な電位が測定される場合がある。

参考文献
土木学会編：コンクリート構造物における自然電位測定方法，JSCE-E601-2000，2000.12.

付属資料-4　鉄筋の腐食状態と自然電位の敷居値について

　材齢6年の鉄筋コンクリート供試体(RC)に対し，自然電位法により鉄筋の自然電位の測定を行うと同時に，その電位値に対応する鉄筋の腐食状態を目視し，鉄筋腐食に関する自然電位の敷居値についての検証試験を実施したので，その結果を以下に報告する．

1. 供試体寸法と電位測定結果

　供試体の寸法図を**資図-4.1**に，そのコンクリート表面(電位測定面)の展開図を**資図-4.2**に示す．なお，鉄筋の電位測定は，4面(A面，B面，C面およびD面)に対し，回転式照合電極を用いて連続的に行い，その電位の測定間隔は，X方向20 mm(1面当り5スキャン)，Y方向を50 mm間隔で行った．

2. 自然電位測定結果

　計器本体に取り込まれた4面の自然電位の測定結果を**資表-4.1**，**4.2**に示し，その折れ線グラフによる電位分布図を**資図-4.3**に，また，ASTM規格および4段階判定基準[**Ⅱ. 定期点検　表-4.2**(p.42)]による等電位線図をそれぞれ**資図-4.4**および**資図-4.5**に示す．

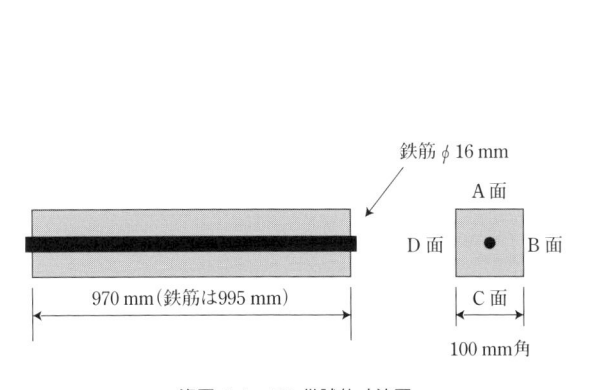

資図-4.1　RC供試体寸法図

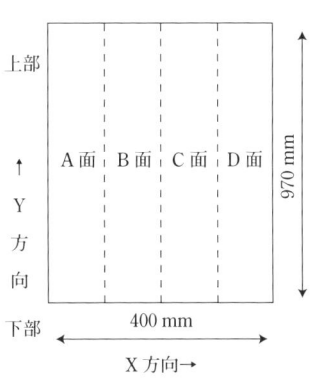

資図-4.2　RC供試体の測定面展開図

付属資料

資表-4.1 自然電位測定結果（A面，B面）

距離 (cm)	A面自然電位実測値 (mV)						B面自然電位実測値 (mV)					
	A-1	A-2	A-3	A-4	A-5	平均値	B-1	B-2	B-3	B-4	B-5	平均値
0	−312	−317	−322	−327	−322	−320	−298	−308	−312	−317	−312	−309
5	−283	−288	−293	−303	−293	−292	−273	−269	−283	−293	−293	−282
10	−259	−259	−259	−269	−259	−261	−239	−249	−264	−273	−278	−261
15	−254	−254	−244	−254	−239	−249	−234	−234	−249	−254	−264	−247
20	−244	−259	−264	−264	−244	−255	−229	−234	−254	−254	−264	−247
25	−239	−234	−234	−229	−210	−229	−190	−181	−181	−200	−215	−193
30	−234	−229	−225	−225	−210	−225	−190	−190	−190	−195	−200	−193
35	−229	−229	−220	−229	−215	−224	−200	−195	−195	−195	−200	−197
40	−225	−225	−215	−225	−210	−220	−200	−200	−195	−195	−200	−198
45	−220	−220	−215	−215	−215	−219	−205	−210	−200	−205	−200	−204
50	−205	−220	−234	−225	−200	−217	−171	−181	−186	−181	−181	−180
55	−220	−239	−239	−229	−205	−226	−176	−176	−181	−195	−186	−183
60	−229	−249	−244	−225	−216	−233	−186	−171	−176	−200	−186	−184
65	−229	−249	−244	−225	−215	−232	−200	−195	−186	−200	−205	−197
70	−239	−244	−244	−225	−225	−235	−244	−200	−200	−205	−215	−213
75	−225	−225	−195	−200	−176	−204	−190	−181	−171	−195	−205	−188
80	−234	−229	−210	−225	−215	−223	−215	−210	−210	−225	−234	−219
85	−254	−269	−244	−249	−229	−249	−234	−234	−239	−254	−264	−245
90	−273	−283	−269	−269	−254	−270	−249	−259	−264	−273	−269	−263
95	−273	−278	−269	−278	−278	−275	−278	−273	−273	−288	−273	−277

資表-4.2 自然電位測定結果（C面，D面）

距離 (cm)	C面自然電位実測値 (mV)						D面自然電位実測値 (mV)					
	C-1	C-2	C-3	C-4	C-5	平均値	D-1	D-2	D-3	D-4	D-5	平均値
0	−322	−332	−332	−327	−332	−329	−352	−352	−347	−342	−337	−346
5	−298	−308	−303	−303	−327	−308	−332	−322	−312	−317	−312	−319
10	−273	−288	−298	−288	−298	−289	−293	−298	−273	−288	−288	−288
15	−259	−278	−288	−264	−264	−271	−264	−273	−254	−269	−273	−267
20	−269	−273	−288	−269	−264	−273	−254	−273	−264	−264	−288	−269
25	−220	−229	−229	−234	−220	−226	−205	−195	−200	−205	−225	−206
30	−205	−215	−225	−225	−215	−217	−200	−195	−205	−205	−225	−206
35	−210	−225	−220	−220	−225	−220	−210	−205	−205	−205	−215	−207
40	−225	−225	−229	−239	−229	−229	−200	−210	−205	−200	−205	−204
45	−239	−229	−234	−259	−225	−237	−200	−220	−210	−210	−200	−208
50	−185	−190	−200	−216	−225	−203	−239	−229	−220	−210	−205	−221
55	−186	−200	−205	−225	−225	−208	−239	−220	−220	−220	−205	−222
60	−186	−205	−210	−220	−226	−209	−215	−215	−210	−205	−205	−210
65	−190	−210	−215	−225	−220	−212	−205	−205	−195	−200	−190	−199
70	−190	−210	−220	−220	−205	−209	−205	−215	−205	−205	−200	−205
75	−200	−234	−239	−254	−239	−233	−215	−220	−210	−210	−210	−213
80	−220	−264	−283	−293	−288	−270	−264	−239	−229	−234	−229	−239
85	−249	−298	−308	−312	−317	−297	−293	−264	−264	−259	−254	−267
90	−288	−292	−308	−322	−327	−311	−312	−288	−288	−278	−269	−287
95	−303	−303	−303	−312	−312	−307	−308	−293	−298	−283	−273	−291

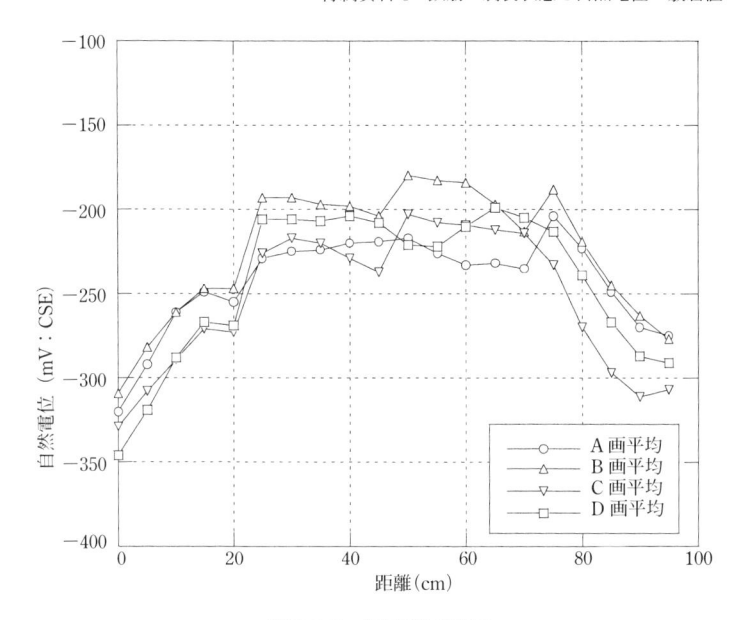

付属資料-4　鉄筋の腐食状態と自然電位の敷居値について

資図-4.3　全面電位分布図

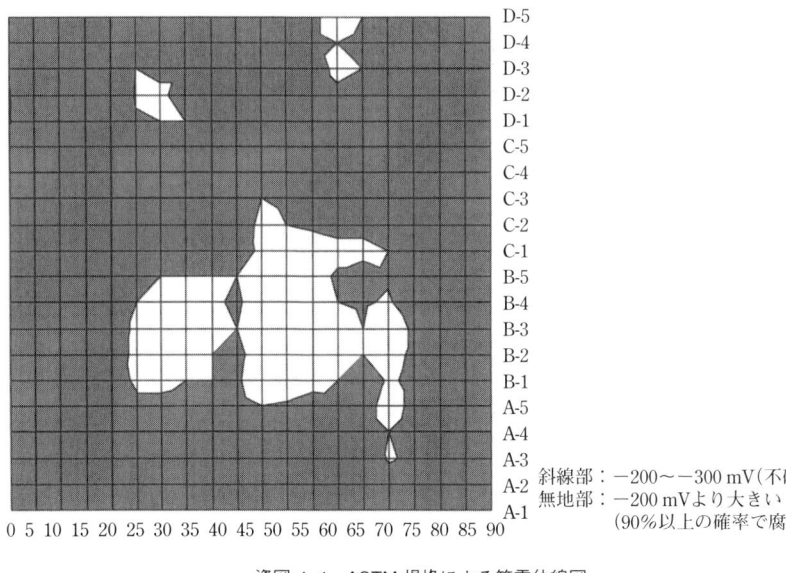

資図-4.4　ASTM 規格による等電位線図

斜線部：$-200 \sim -300$ mV（不確定）
無地部：-200 mV より大きい
　　　　（90％以上の確率で腐食なし）

177

付属資料

```
                                          D-5
                                          D-4
                                          D-3
                                          D-2
                                          D-1
                                          C-5
                                          C-4
                                          C-3
                                          C-2
                                          C-1
                                          B-5
                                          B-4
                                          B-3
                                          B-2
                                          B-1
                                          A-5
                                          A-4
                                          A-3  斜線部：−250～−300 mV
                                          A-2       （腐食性やや大）
                                          A-1  無地部：−150～−250 mV（腐食性軽微）
0 5 10 15 20 25 30 35 40 45 50 55 60 65 70 75 80 85 90
```

資図-4.5　4段階判定基準による等電位線図

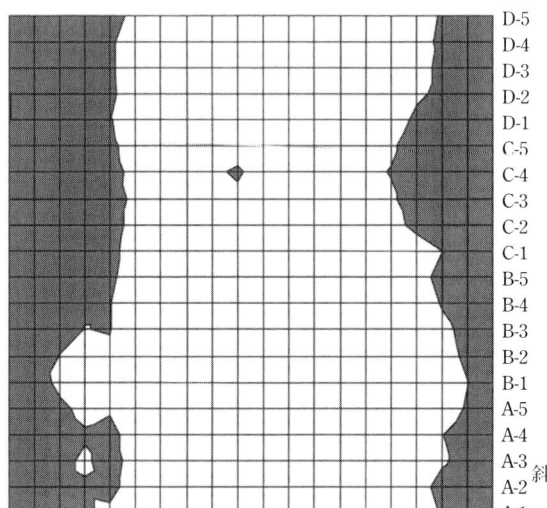

3. 鉄筋腐食状況およびコンクリート表面のひび割れ状態検査結果

　資図-4.6は，目視および機器計測による鉄筋の腐食状態とコンクリート供試体のひび割れ状況とを同一面上に同時に図示したものである。

　鉄筋の腐食状態は，図に示すように鉄筋の両端(上部，下部)側に全断面欠損部(最大孔食深さ 1.5 mm)があり，その先に若干の錆色(くもり)部があって，中央部の表面は若干のくもり部を除いてはほぼ不導体皮膜[白色皮膜 $Ca(OH)_2$ の付着有り]で覆われており，目視できる大きな腐食は見られない。なお，鉄筋中央のほぼ健全部の鉄筋径は，4箇所で測定し 16.1，16.0，16.0，15.9 mm の実測値を得ている。また，鉄筋コンクリート供試体の表面のひび割れ状態は，ひび割れ6箇所とも供試体の両端(ひび割れ幅大，先端小)から発生しており，鉄筋腐食の進行に追随している。

　資写真-1は，A面，B面，C面および D面方向から見た鉄筋の腐食状態を写したものである。

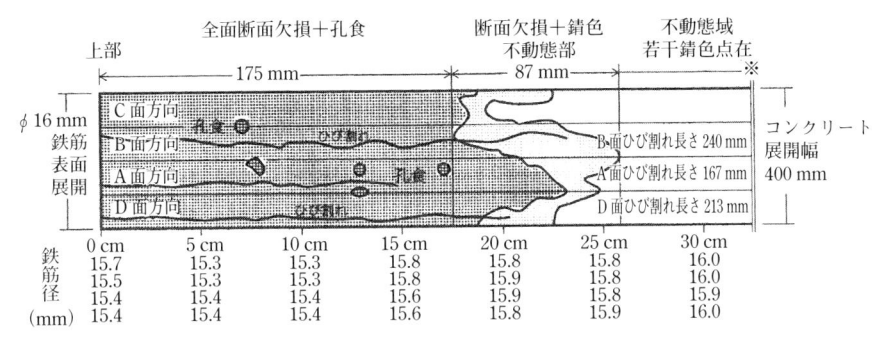

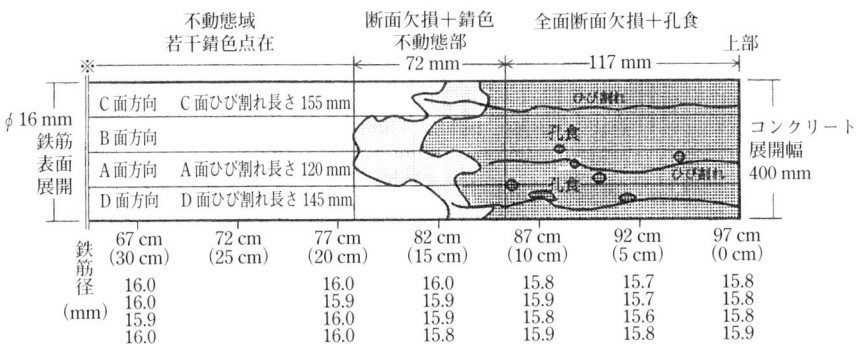

付属資料-4　鉄筋の腐食状態と自然電位の敷居値について

```
          全面断面欠損＋孔食        断面欠損＋錆色        不動態域
上部                                不動態部          若干錆色点在
        ─── 175 mm ───          ── 87 mm ──
φ16 mm  C面方向                              B面ひび割れ長さ 240 mm    コンクリート
鉄筋     B面方向                              A面ひび割れ長さ 167 mm    展開幅
表面     A面方向                              D面ひび割れ長さ 213 mm    400 mm
展開     D面方向
         0 cm    5 cm   10 cm   15 cm   20 cm   25 cm   30 cm
鉄筋    15.7    15.3   15.3    15.8    15.8    15.8    16.0
径      15.5    15.3   15.3    15.8    15.9    15.8    16.0
(mm)    15.4    15.4   15.4    15.6    15.9    15.8    15.9
        15.4    15.4   15.4    15.6    15.8    15.9    16.0
```

```
          不動態域            断面欠損＋錆色      全面断面欠損＋孔食
        若干錆色点在          不動態部                                    上部
                            ── 72 mm ──     ── 117 mm ──
φ16 mm  C面方向  C面ひび割れ長さ 155 mm                             コンクリート
鉄筋     B面方向                                                     展開幅
表面     A面方向  A面ひび割れ長さ 120 mm                             400 mm
展開     D面方向  D面ひび割れ長さ 145 mm
        67 cm   72 cm   77 cm   82 cm   87 cm   92 cm   97 cm
        (30 cm) (25 cm) (20 cm) (15 cm) (10 cm) (5 cm)  (0 cm)
鉄筋    16.0            16.0    16.0    15.8    15.7    15.8
径      16.0            15.9    15.9    15.8    15.7    15.8
(mm)    15.9            16.0    15.9    15.8    15.6    15.8
        16.0            16.0    15.8    15.9    15.8    15.9
```

資図-4.6　目視／計測による鉄筋の腐食状態およびコンクリートの表面ひび割れ状態展開図

4. 腐食性評価と検証結果

4.1 腐食性評価

① **資表-4.1, 4.2**から自然電位範囲は－171～－352 mV と特定でき，また**資図-4.6**の目視結果および**資写真-1**から中央部が腐食が少なく，上部 D 面にはわずかに大きな腐食部位があることがわかるが，**資図-4.4**の ASTM 規格による等電位線図によれば大半が－200～－350 mV［**Ⅱ．定期点検　表解-4.5**(p. 42)参照］を示し，腐食部位の判定は困難である。

② **資図-4.5**は，4 段階判定基準による等電位線図であり，明らかに上部と下部に－250～－350 mV の電位が存在し，腐食も発生している。中央部には腐食が少ないこともわかる。したがって，4 段階判定基準方式の採用意義は大き

179

いといえる．

以上のことから，ASTM 規格では測定範囲内での相対的な腐食性や腐食部位を特定しがたいが，4 段階判定基準を適用することで前述のような判定を可能にした．

4.2 検証結果

① 上部の腐食状態（**資図**-4.4 〜 4.6，**資写真**-1 参照）
- 全面に断面欠損と孔食が存在している部位は上端から 175 mm であった．
- 断面欠損，錆色および不動態部の混在部位は上端から 175 〜 262 mm 間であった．
- 鉄筋の呼び径は 16.0 mm であり，健全部の実測径も 16.1 〜 15.9 mm の範囲にあった．
- 最大孔食深さ 1.49 mm であり，その腐食速度は 0.248 mm/年であった．
- 断面欠損部における最小径は 15.3 mm であり，その腐食速度は 0.058 mm/年であった．
- コンクリートのひび割れ長さは最長 240 mm で腐食部位内に存在していた．
- 目視による腐食状態図と ASTM 規格による等電位線図との相関性は見られない．
- 目視による腐食状態図と自然電位の 4 段階判定基準による等電位線図とはよく一致している．

② 下部の腐食状態（**資図**-4.4 〜 4.6，**資写真**-1 参照）
- 全面に断面欠損と孔食が存在している部位は下端から 117 mm であり，上部のそれよりも短い．
- 断面欠損，錆色および不動態部の混在部位は下端から 117 〜 189 mm 間であった．
- 鉄筋の呼び径は 16.0 mm であり，健全部の実測径も 16.1 〜 15.9 mm の範囲にあった．
- 最大孔食深さ 0.91 mm であり，その腐食速度は 0.152 mm/年であった．
- 断面欠損部における最小径は 15.4 mm であり，その腐食速度は 0.050 mm/年であった．
- コンクリートのひび割れ長さは最長 155 mm で腐食部位内に存在していた．
- 目視による腐食状態図と ASTM 規格による等電位線図との相関性は見られ

ない。
- 目視による腐食状態図と自然電位の4段階判定基準による等電位線図とはよく一致している。

以上に示すように，自然電位の4段階判定基準による調査結果と目視による検証結果はよく一致しており，以下のことが確認され自然電位法の適用性が評価された。

1) 腐食の境界電位を－250 mV に設定した場合に，腐食側と非腐食側が明確になっている。
2) 電位値の指示程度が鉄筋損傷度や腐食の大小によく反映されている。
3) 電位勾配の屈曲点を境界として腐食の有無が判定できている。

付属資料

付属資料-5　反発度法を用いたコンクリート強度の推定について

反発度法を用いたコンクリート強度の推定方法は，
① 測定装置の点検方法
② 測定面の含水状態が反発度に与える影響の明確化
③ コンクリートの材齢の影響の明確化
④ 反発度と強度の関係

について検討した。検討結果の詳細は，『コンクリート構造物の鉄筋診断技術に関する共同研究報告書―反発度法によるコンクリート品質評価―』(共同研究報告書第287号)として報告されている。ここでは，主要な点について簡単に紹介する。

1. 測定装置の個体差について

リバウンドハンマー(測定装置)の個体差を調査するため，約40機のリバウンドハンマーを収集し，テストアンビル(検定器，反発度80)とモルタル(工場製品，反発度30前後)を打撃して，反発度の測定結果を比較した。その結果を資図-5.1に示す。

図中で，テストアンビルを打撃した時の反発度が78に満たないリバウンドハンマーは，モルタルを打撃した時の反発度も低めに測定されている。これらのリバウンドハンマーは，多数回の使用等により性能が低下しているものと考えられるが，整備状態が適切でないことをテストアンビルを用いた点検で明らかにできる。

一方，テストアンビルを打撃した時の反発度が78〜82に入っているリバ

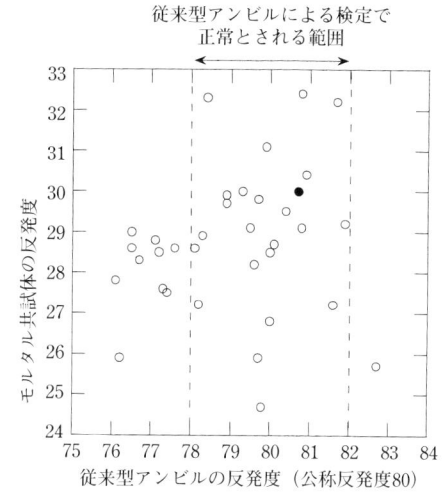

注) 黒丸：測定の直前に(財)日本品質保証機構により，その整備状態が適切であることが確認された装置の測定結果。

資図-5.1　リバウンドハンマーの比較試験結果

ウンドハンマーでも，モルタルを打撃した時の反発度が大きく異なる場合があることがわかる。これらのリバウンドハンマーは，内部の調整状態が製造時とは大きく異なっている可能性がある。このような状態になったリバウンドハンマーを通常の点検で抽出することはできないため，装置の製造者らに整備を依頼する必要がある。

2. 低反発度型アンビルについて

従来から用いられているテストアンビル（従来型アンビル）を打撃した際に得られる反発度は，80程度である。一方，一般的なコンクリートを打撃した際に得られる反発度は，30～50程度であり，従来型アンビルを用いた場合の反発度とは大きく異なっている。そこで，打撃した際に30～40程度の反発度が得られるテストアンビル（低反発度型アンビル）の開発をリバウンドハンマーの製造者らに依頼した。その結果，8台の低反発度型アンビルの試作品の提供を受けることができた。

そこで，15機のリバウンドハンマーでコンクリート製供試体と各種のテストアンビルを打撃し，測定された反発度を比較した。測定結果の一部を**資図-5.2**に示す。図から，反発度30程度のコンクリートを打撃した場合に得られる反発度と反発度40程度のコンクリートを打撃した場合に得られる反発度の間には強い相関関係がある。すなわち，あるコンクリートを打撃した場合に比較的高めの反発度が測定されるリバウンドハンマーを用いて，他のコンクリートを打撃すると，同様に高めの測定結果が得られると考えられる。

一方，コンクリート製供試体con70を打撃した場合の反発度測定結果と従来型アンビルAF79を打撃した場合の測定結果の相関関係は，明確ではない。従来型アンビルの測定結果（反発度80程度）は，コンクリートを打撃した場合の測定結果とはその絶対値が大きく異なっており，コンクリートを打撃した場合の各リバウンドハンマーの性能の違いを十分には評価できないおそれがある。

これに対し，種々の低反発度型アンビルを打撃した場合の反発度とコンクリート供試体con70を打撃した場合の測定結果の相関関係は，比較的高い。このことから，低反発度型アンビルを用いることで，リバウンドハンマーの個体差をより適切に評価できる可能性があることが明らかになった。

なお，ここで紹介した低反発度型アンビルは，まだ市販されていない。そこで，リバウンドハンマーの点検・整備を行う際には，その製造者等の信頼できる機関に依頼することが必要である。製造者によっては低反発度型アンビルを用いた点検等

付属資料

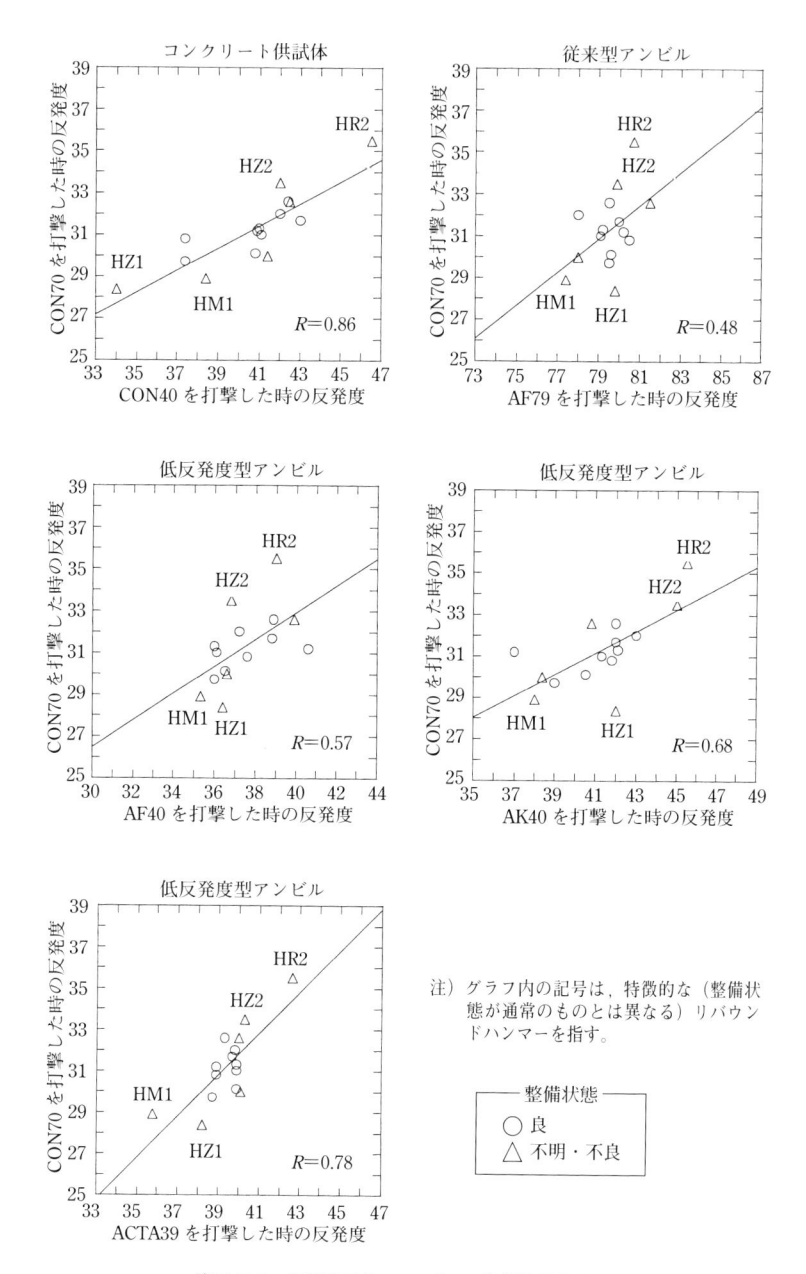

資図-5.2 各種供試体・アンビルの比較試験結果

注）グラフ内の記号は，特徴的な（整備状態が通常のものとは異なる）リバウンドハンマーを指す。

整備状態
○ 良
△ 不明・不良

が行われている。

3. コンクリートの材齢について

リバウンドハンマーの取扱説明書などには，コンクリートの材齢に応じた補正係数（いわゆる，材齢係数）が表示されていることがある。しかし，実構造物の調査時に材齢係数を適用しても，必ずしも推定の精度が向上しないとする報告もある。そこで，コンクリートの材齢が強度推定結果に与える影響について検討した。

まず，文献を調査した結果を紹介する。国内で最も旧い反発度法に関する規準は，材料学会の『シュミットハンマーによる実施コンクリートの圧縮強度判定方法指針（案）』であるが，この解説の中で，年数が経過し乾燥状態に保たれたコンクリートでは硬度がかなり大きくなっているので，推定強度を割り引かなければならない旨が紹介されている。ここで紹介されている補正値は，リバウンドハンマーを用いて得られた反発度を補正する目的で検討された値ではなく，別種の試験方法から引用されていることに注目すべきである。

しかし，材料学会の指針以降に出された国内の規準類やマニュアル類の多くも同様の補正値を紹介しており，長期材齢の実構造物調査では，この材齢補正が用いられる場合も多い。

そこで，乾燥条件を統一した円柱供試体（$\phi 150 \times 300$ mm）を作成して，材齢の経過そのものが反発度の測定結果に与える影響を検討した。使用した供試体の養生条件は**資表-5.1**のとおりである。反発度の測定結果と供試体の圧縮強度試験結果の関係を**資図-5.3**に示す。

試験時の材齢に関わらず乾燥状態が一定である表乾の供試体では，反発度と圧縮強度の関係は一本の直線で表現できる（気乾・材齢7日の場合もその養生期間の長さ

資表-5.1 供試体の養生条件

養生条件	説　　明	試験した材齢（日）
気　乾	材齢3日まで20℃の水中で養生した後，20℃の気中で養生した供試体をそのまま使用した。	7，11，21，28，50，100，200，300
表　乾	試験材齢の反発度測定日の3日前まで20℃の水中で養生した後，3日間20℃の気中で養生し，表面を乾燥させて使用した。	11，21，28，50，100
湿　潤	試験直前まで20℃の水中で養生した後，そのまま使用した。	28

付属資料

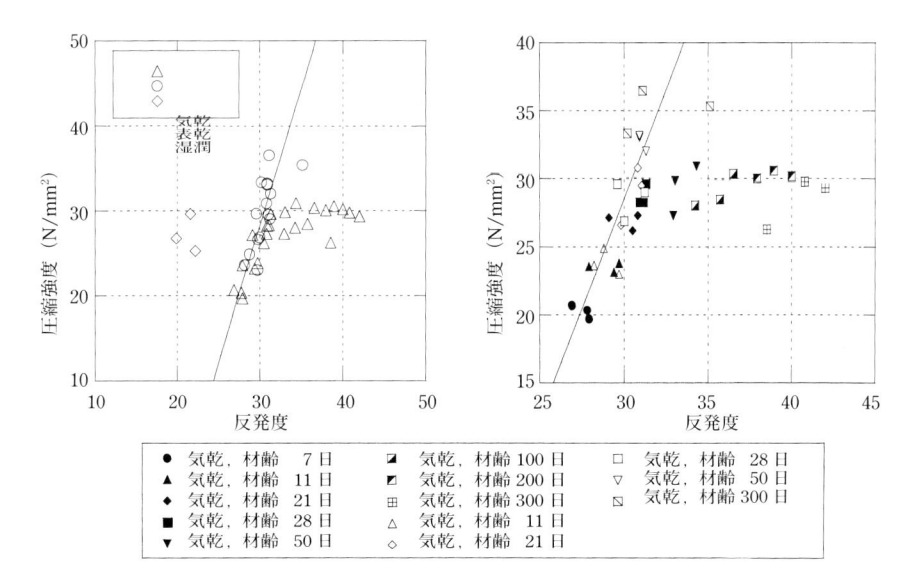

資図-5.3 反発度と圧縮強度試験結果の関係（材齢による影響，右図は左図の一部を拡大）

から，表乾と同じ乾燥条件と考えた）。表乾の供試体では，材齢が増進するにつれてコンクリートの水和による強度増進が認められたが，材齢7日から100日までの間に圧縮強度が約175％となったのに対し，反発度の変化は5程度と小さかった。

次に，材齢とともに乾燥が進むと考えられる気乾の供試体の測定結果に着目すると，材齢21日頃までは，表乾の場合と同様な反発度と圧縮強度の関係を有していた。しかし，材齢50日以降では，気乾と表乾の供試体で測定結果が大きく異なっていた。すなわち，気乾の供試体では圧縮強度の増進はほとんど認められないにも関わらず，反発度の測定結果が材齢とともに大きくなった。

なお，水中養生の供試体を乾燥させずそのまま試験した場合には，表乾や気乾の供試体と比較して反発度の測定結果が10近くも小さくなった。

これらの検討結果からは，以下のことがわかる。

① いわゆる材齢係数は，コンクリートの材齢に応じた係数ではなく，乾燥状態に応じた係数である。
② 実構造物の乾燥条件は一様ではないので，材齢の大小に応じて一律な補正係数を用いるのは好ましくない。

特に長期材齢の構造物の圧縮強度を推定する場合には，小径コアを用いた圧縮強

度試験を併用するなどして，反発度と圧縮強度の関係を別途求めておくことが必要であると考えられる。

4. 反発度と強度の関係

前項までの検討から，使用するリバウンドハンマーやコンクリート表面の乾燥状態が異なると，反発度の測定結果が異なることが明らかになった。しかし，現在，国内で一般的に用いられている強度推定式(材料学会や日本建築学会提案のもの)は，種々の乾燥条件やリバウンドハンマーを用いた測定結果から作成されている。すなわち，種々の強度のコンクリートを試験に使用するために材齢の異なる同一配合の供試体を用いているのだが，この時，気乾状態で供試体が保存されているので，供試体の乾燥条件が異なっていると推測される。

そこで，材齢・養生条件を固定し，強度が異なる種々の配合のコンクリート供試体を作成して，コンクリートの反発度と強度の関係を調べた。コンクリートの配合は，セメント3種類(普通，高炉，早強)と水セメント比5種類(40，50，60，70，80%)の組合せで15種類とした。養生条件は，材齢7日まで水中養生した後，21日間気中で保管して測定した場合と，材齢28日まで水中養生した後，同じく21日間気中で保管して測定した場合の2通りとした。

試験には同時に作成・養生した立方供試体(200 mm 角)と円柱供試体(ϕ 150 mm × 300 mm)を使用し，各供試体で測定された反発度と円柱供試体の圧縮強度を比較した。**資図-5.4**に試験結果を示す。材齢の影響は明確ではなかったので，ここでは区別せず整理した。

資図-5.3，**5.4**の結果をとりまとめて**資図-5.5**に示す。これらの実験結果から，以下のことがわかった。

① 養生・乾燥条件を一定としたコンクリートの反発度と圧縮強度の関係は，コンクリートの配合によらずほぼ一定である。

② コンクリートが乾燥すると，測定される反発度が大きくなる。しかし，反発度と強度の関係の傾きには，ほとんど影響がない。

③ 今回の実験結果から得られた反発度と強度の関係式は，既往の強度推定式と比較すると傾きが大きい。既往の強度推定式では乾燥状態が様々な供試体での測定結果に基づいているために，反発度の測定結果が乾燥状態の影響を受けて変動しているためと考えられる(例えば，**資図-5.3**と**資図-5.4**のデータを併

付属資料

せて回帰式を作成すると，傾きはより小さくなる)．

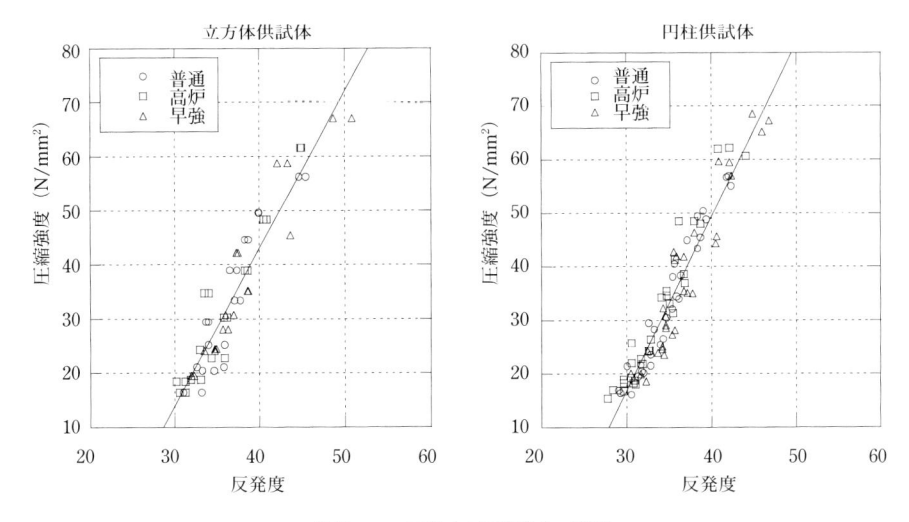

資図-5.4　反発度と圧縮強度の関係

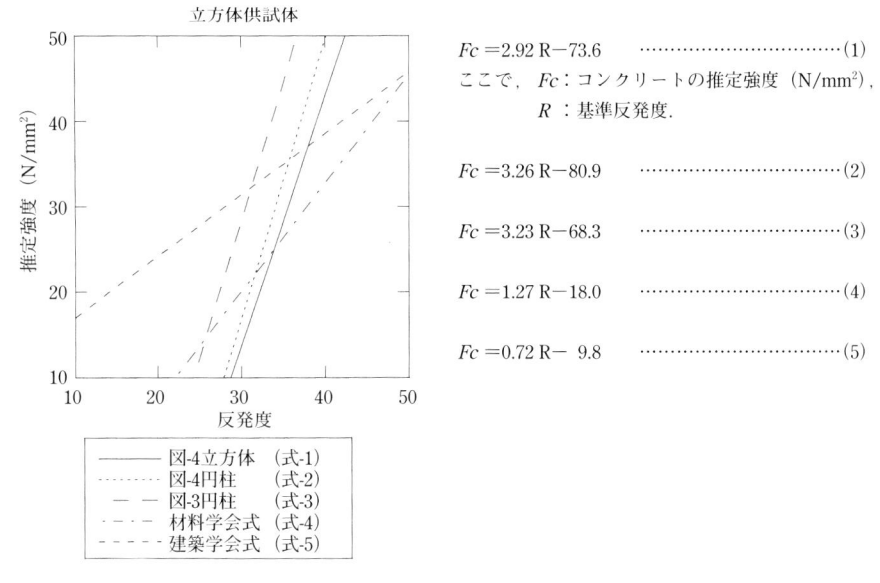

$Fc = 2.92\,R - 73.6$ ……………………………(1)

ここで，Fc：コンクリートの推定強度（N/mm^2），
　　　　R：基準反発度．

$Fc = 3.26\,R - 80.9$ ……………………………(2)

$Fc = 3.23\,R - 68.3$ ……………………………(3)

$Fc = 1.27\,R - 18.0$ ……………………………(4)

$Fc = 0.72\,R - 9.8$ ……………………………(5)

資図-5.5　実験結果と既存の強度推定式との比較

付属資料-6　構造物の点検・調査実施例

1. 概　　要

　土木研究所と日本構造物診断技術協会では，非破壊検査を活用したコンクリート構造物の健全度診断の有効性を検証するため，実構造物を対象とした調査をいくつか行った。ここでは，参考までに，調査事例の概要および調査結果の一部を紹介し，調査結果をもとにした健全度診断の事例を示す。調査方法や調査結果の詳細については，参考文献を参照されたい(**資表-6.1**)。

資表-6.1　これまでの構造物調査事例

調査対象	調査事例の特徴	参考文献
A橋	・太平洋岸の塩害地域に位置し，竣工後約30年間使用されている構造物である。 ・4つの異なる橋脚(5箇所)について調査を行った結果，調査箇所によって劣化の程度が異なっていた。	共同研究報告書第195号『コンクリート構造物の健全度診断技術の開発に関する共同研究報告書－コンクリート構造物の健全度診断マニュアル』
旧榊橋橋脚	・内陸部にあり，竣工後約60年が経過した調査時でも，健全な構造物である。	土木研究所資料第3791号『非破壊検査を用いたコンクリート構造物の健全度調査』
旧芦川橋橋台	・日本海に面し，塩害による劣化が著しい構造物である。 ・調査した構造物の中では，最も鋼材の腐食が著しい事例である。	
旧暮坪陸橋橋脚	・日本海の海中に位置し，飛来塩分の影響を受ける構造物である(かぶりが厚いため内部の鉄筋は健全であった)。 ・複数の調査者が調査を実施しており，測定データが豊富である。	共同研究報告書第269号『コンクリートの鉄筋腐食診断技術に関する共同研究報告書－実構造物に対する適用結果－』
旧芦川橋主桁	・日本海に面し，塩害による劣化が著しい構造物である。 ・PC鋼材(シース)が配置されている箇所についても調査を試みている。 ・複数の調査者が調査を実施しており，測定データが豊富である。	

2. 調査項目の概要

なお，調査は，①腐食状態(自然電位法)，②かぶり・鉄筋位置，③塩化物イオン量，④中性化深さ，⑤はつり調査(各種非破壊検査を実施した結果の検証)の5項目を中心に実施した。なお，今回の調査では調査による構造物の損傷を考慮する必要がなかったこと(多くの場合，解体される直前の構造物を対象とした)，各種非破壊検査についてなるべく詳細に検討すること，などのために本マニュアルに含まれていない調査方法等についても数多く調査を試みた。各構造物で実施した調査項目を**資表-6.2**に示す。

資表-6.2 調査項目の概要

調査対象	調査項目
A橋 旧榊橋橋脚 旧芦川橋橋台	① 腐食状態(自然電位法) ② かぶり，鉄筋位置(電磁波反射法) ③ 塩化物イオン量(JCI-SC4：ϕ 100 mm コア) ④ 中性化深さ(フェノールフタレイン法：コア，はつり箇所) ⑤ リバウンドハンマーを用いた圧縮強度推定 ⑥ 含水率(静電容量式水分計) ⑦ 圧縮強度試験(ϕ 100 mm コア) ⑧ 外観調査(目視) ⑨ はつり調査(鉄筋の腐食状態の確認，かぶり・鉄筋位置の実測)
旧暮坪陸橋橋脚 旧芦川橋主桁	① 腐食状態(自然電位法，分極抵抗法) ② かぶり，鉄筋位置(電磁誘導法，電磁波反射法) ③ 塩化物イオン量(JCI-SC4，簡易塩分測定器法：ϕ 100 mm コア，小径コア，ドリル削孔微粉末) ④ 中性化深さ(フェノールフタレイン法：コア，はつり箇所) ⑤ リバウンドハンマーを用いた圧縮強度推定 ⑥ 含水率(静電容量式水分計) ⑦ コンクリートの電気抵抗(4点法) ⑧ 透気係数 ⑨ 剥離箇所調査(赤外線表面温度計) ⑩ 圧縮強度試験(ϕ 100 mm コア，小径コア) ⑪ 外観調査(目視) ⑫ はつり調査(鉄筋の腐食状態の確認，かぶり・鉄筋位置の実測)

3. 調査結果の概要

3.1 自然電位法

　同一の測定者が各調査箇所で自然電位を測定した結果と，はつりだした鉄筋の腐食状態を観察した結果を比較して**資表-6.3**に示す。自然電位の測定結果は，鉄筋の腐食が著しい旧芦川橋A1橋台やG1主桁等で低くなる結果が得られた。しかし，

資表-6.3　自然電位の測定結果（同一の調査者による）

構造物	部位	自然電位 (mV：CSE) −500　−300　−100　100	鋼材の腐食状況
A橋	P2	0〜+50	健全であると推測されるため調査せず
A橋	P4	−350〜−200	鉄筋腐食度①〜④ （帯鉄筋および主鉄筋に断面欠損）
A橋	P26a	−300〜−150	鉄筋腐食度①〜③ （設計図書に記載がなく，かぶりが浅い，組立筋もしくは用心鉄筋に断面欠損）
A橋	P26b	−250〜−100	鉄筋腐食度②〜④ （設計図書に記載がなく，かぶりが浅い，組立筋もしくは用心鉄筋に腐食が見られた）
A橋	P28	−250〜−100	鉄筋腐食度①〜④ （設計図書に記載がなく，かぶりが浅い，組立筋もしくは用心鉄筋に断面欠損）
旧榊橋	P2	−300〜−150	鉄筋腐食度②〜④ （一部に腐食が見られたが，大部分は健全）
旧芦川橋	A1	−400〜−250	鉄筋腐食度①〜③ （一部に塩害による孔食が見られた）
旧暮坪陸橋	P3 北側	−200〜−100	鉄筋腐食度③ （表面に錆が認められるが，建設当初からのものと考えられる）
旧芦川橋	G1主桁中央	−350〜−200	鉄筋腐食度②〜③ （かぶりの浅いフック部分等に部分的に孔食が見られた）
旧芦川橋	G1主桁端部	−350〜−200	鉄筋腐食度②〜④ （比較的かぶりの浅い鉄筋に腐食が見られた）

付属資料

A橋P28等,自然電位の測定結果からは健全であると推察される(大部分で自然電位が－200mVより大きい)にも関わらず,はつりだした鉄筋に腐食が認められた場合もあった。

次に,同一の調査箇所を異なる測定者が異なる測定装置を用いて測定した結果を,**資表-6.4**に示す。測定結果は,測定者によって異なっている。この理由としては,測定装置には回転式の電極で測定箇所の全面を測定するものと円筒形の電極で特定の点を測定するものがあり,電極の種類によって測定データの点数が大きく異なることや,測定前の準備作業(吸水方法)等の測定者による違いが考えられるが,調査

資表-6.4 自然電位の測定結果(調査者が異なる場合)

構造物	部位	調査者	自然電位 (mV：CSE) −500 −300 −100 100	温度の影響は無視してCSEに換算*
旧暮坪陸橋	P3北側	A		−154 〜 −76
		B		−255 〜 −50
		C		−115 〜 −90
		D		−94 〜 54
旧芦川橋	G1主桁中央	A		−360 〜 −209
		B		−315 〜 −160
		C		−364 〜 −178
		D		−143 〜 −87
	G1主桁端部	A		−425 〜 −298
		B		−375 〜 −125
		C		−249 〜 −207
		D		−183 〜 −130

* 調査者A,Bは回転式電極の装置を,調査者C,Dは円筒形電極の装置を使用した。

時には明確にはできなかった。

3.2 かぶり・鉄筋位置

(1) 鉄筋位置

電磁誘導法または電磁波反射法で鉄筋位置を探査した結果と，鉄筋をはつりだしてその位置を測定した結果を比較すると，A橋P4，旧榊橋，旧芦川橋(A1，G1)の調査箇所では，鉄筋の位置をほぼ正確に探査できていた。しかし，A橋のP26，P28では，設計書に記載されていない配力筋が場所によっては30～50 mm間隔と密に存在しており，このような場合には，鉄筋の位置を正確に把握することはできなかった。また，旧暮坪陸橋P3の調査箇所では，かぶりが200 mm程度と厚い箇所があり，調査者によっては一部の鉄筋を探査できていない場合があった。

(2) かぶり

電磁誘導法または電磁波反射法でかぶりの推定結果と鉄筋をはつりだしてかぶりを測定した結果を比較して**資表-6.5**に示す。非破壊検査によるかぶり測定結果は，おおむね実測値と近い値が得られているが，特にかぶりの浅い旧芦川橋G1中央の箇所に着目してみると，調査者Fの測定結果で10 mm程度，調査者B，Fのキャリブレーション前の測定結果で10 mm程度の測定誤差を有しているなど，ある程度の測定誤差もあった。

資表-6.5　かぶりの測定結果(括弧内はキャリブレーションを行う以前の測定値)(単位：mm)

調査者	調査箇所		
	旧暮坪陸橋P3北側	旧芦川橋G1中央	旧芦川橋G1端部
A	170～180	16～35	38
B	173～179(173～179)	18～39(11～32)	42(38)
C	120～140	25～30	45
D	185～195	18～46	21～40
E	165(166)	18～41(13～32)	42～46(28～40)
F	179～182	29～48	42～58
実測 (はつり調査)	164～165	18～41	42～46

注）　各調査箇所の代表的な鉄筋1本について整理した。
　　　調査箇所の周囲で測定装置のキャリブレーションを行った。
　　　調査者Cのみ電磁誘導法の装置を使用し，他の調査者は電磁波反射法の装置を使用した。

付属資料

3.3 反発度法による強度推定

リバウンドハンマーを用いて測定した反発度と，反発度から推定したコンクリートの圧縮強度，および周辺でのコンクリートコアの圧縮強度試験結果を**資表-6.6**に示す。なお，リバウンドハンマー強度の算出は，式(1)に示す材料学会式に従って行った。

$$F = (\text{N/mm}^2) = -18.0 + 1.27 \times R_0 \tag{1}$$

ここで，F：推定強度，

R_0：基準反発度（$= R + \triangle R$），

R：測定反発度，

$\triangle R$：補正値（打撃角度，含水状態等により測定反発度を補正する）。

[注] なお，リバウンドハンマーのマニュアル等では，長期材齢のコンクリートの強度を推定する際に，材齢に応じた係数を推定結果に乗ずる

資表-6.6 反発度法による強度推定結果

構造物	部位	基準反発度 R_0	推定強度 F (N/mm²) 材齢係数不使用	推定強度 F (N/mm²) 材齢係数使用	コアの圧縮強度
A橋	P2	63	62.0	39.1	60.1
		64	63.3	39.9	
	P4	47	41.7	26.3	35.7
		51	46.8	29.5	
	P26a	62	60.7	38.3	57.1
		60	58.2	36.7	
	P26b	62	60.7	38.3	61.4
		61	59.5	37.5	
	P28	59	56.9	35.9	46.5
		56	53.1	33.5	
旧榊橋	P2	54	50.6	31.9	28.5
		51	46.8	29.5	
旧芦川橋	A1	45	39.2	24.7	14.9
		40	32.8	20.7	
旧暮坪陸橋	P3 北側	54	50.6	31.9	56.8
		52	48.0	30.3	
旧芦川橋	G1 主桁中央	56	53.1	33.5	59.5
		60	58.2	36.7	
	G1 主桁端部	60	58.2	36.7	66.9
		60	58.2	36.7	

方法が紹介されている場合がある。ここでは仮に材齢係数として 0.63（材齢 3 000 日）を乗じて推定結果を補正した結果も併せて示す。

調査箇所で測定された反発度の範囲は 40 ～ 64 で，材齢 28 日程度の通常のコンクリート供試体で測定される反発度より大きかった(例えば，本共同研究における室内試験では，圧縮強度 20 ～ 70 N/mm^2 程度の供試体を測定した結果，反発度は 28 ～ 48 程度の範囲にあった)。反発度の測定結果が大きかったのは，材齢とともにコンクリート表面の乾燥が進行したためであると考えられる。

調査箇所の中でコンクリートコアの圧縮強度が比較的大きかった A 橋(P2, P26)や旧芦川橋 G1 主桁では反発度から推定した強度がコアの圧縮強度試験結果と近かった。一方，コンクリートコアの圧縮強度小さかった旧芦川橋 A1 橋台等では，推定強度とコアによる強度試験結果との間に大きな隔たりがあった。この原因としては，材齢によってコンクリートの乾燥が進み，コンクリートの強度に比して大きめの反発度が測定されたためと考えられる。

資表-6.6には，材齢係数を適用した場合の推定結果も示したが，材齢係数を使用するとコンクリートコアの圧縮強度が比較的大きかった A 橋等での推定結果がコアの圧縮強度と大きく異なったものになるために，推定精度の精度は改善されなかった。

4. 健全度診断の例

実構造物の調査結果をもとに健全度診断の例を示す。なお，ここで例に挙げた調査(**資表-6.1**)は，以下の手順で行われている。そこで，ここでは調査 1 日目に行った調査(①～⑤)の結果を"定期点検"結果とみなして診断例を示した。また，すべての調査結果を合わせて"詳細調査"としての診断例を示した。

調査 1 日目：①目視調査
　　　　　　②反発度法による強度推定
　　　　　　③鉄筋位置・かぶりの測定
　　　　　　④中性化深さの測定(部分はつり箇所，コア採取箇所)
　　　　　　⑤自然電位の測定
　　　　　　※鉄筋腐食度の確認(部分はつり箇所)
　　　　　　※φ100 mm 程度のコア採取
調査 2 日目：⑥鉄筋腐食度の確認(はつり調査箇所)

付属資料

     ⑦鉄筋かぶりの実測(はつり調査箇所)
     ⑧中性化深さの測定(はつり調査箇所)
後日測定 ：⑨コアの圧縮強度試験
     ⑩塩化物イオンの試験

例1　旧榊橋 P2 橋脚
＜定期点検＞

　構造物の地域区分は「普通」であるので，**Ⅱ．定期点検　図解-3.4**(p. 30)に従って判定する。

- コンクリート表面の変状に関する評価は，変状が全くなかったので，劣化度"無"と判定した。
- 塩害に関する評価は，調査1日目の結果のみでは行うことができない。
- 鉄筋の自然電位に関する評価は，劣化度"低"(調査箇所の6割)または劣化度"中"(調査箇所の4割)である。
- 中性化に関する評価は，平均中性化深さが4 mmに対し帯鉄筋のかぶりが平均で91 mmなので，劣化度"無"である。
- したがって，詳細調査の必要はないと判定される。

＜詳細調査＞

Ⅲ．詳細調査　5．健全度の総合評価(p. 124)に従って判定する。

- 詳細目視調査による外観変状度が"無"，はつり調査による鉄筋腐食度が④なので，構造物の変状の程度に関する評価は劣化度Dである[**Ⅲ．詳細調査　表解-5.1**(p. 127)]。
- 劣化原因として塩害に着目すると，鉄筋位置での塩化物イオン量が 0.08 kg/m^3 なので，評価は劣化度 D2 である[**Ⅲ．詳細調査　表解-5.2**(p. 128)]。
- 劣化原因として中性化に着目すると，はつり調査箇所での中性化深さの平均値が 12 mm であるのに対し，鉄筋のかぶりが 70 mm 以上あるので，評価は劣化度 D2 である[**Ⅲ．詳細調査　表解-5.3**(p. 128)]。
- 劣化原因が塩害・中性化の場合ともに，劣化度が D2 であったので，劣化原因ごとの劣化の程度は劣化度 D2 と判定される。
- 構造物の変状の程度を併せて考えても，旧榊橋 P2 橋脚の劣化度は D2 と判定される。

例2　旧芦川橋 G1 桁中央部
＜定期点検＞
　構造物の地域区分は「厳しい」であるので，**Ⅱ．定期点検　図解-3.3**(p. 29)に従って判定する。
- コンクリート表面の変状に関する評価は，変状が全くなかったので，劣化度"無"と判定できる。
- 塩害に関する評価は，調査1日目の結果のみでは行うことができない。
- 鉄筋の自然電位に関する評価は劣化度"中"(調査箇所の 3/4)または劣化度"高"(調査箇所の 1/4)である。
- 中性化に関する評価は，平均中性化深さが 5 mm に対しスターラップのかぶりが平均で 18 〜 39 mm なので，劣化度は"中〜無"である(大部分は"低"に属する)。
- したがって，詳細調査の必要はないと判定される(ここでは，自然電位に関する評価で，該当面積が広い劣化度"中"を採用した)。

＜詳細調査＞
Ⅲ．詳細調査　5．健全度の総合評価(p. 124)に従って判定する。
- 詳細目視調査による外観変状度が"無"，はつり調査による鉄筋腐食度が③(ごく一部に②あり)なので，構造物の変状の程度に関する評価は劣化度 D である。
- 劣化原因として塩害に着目すると，1箇所だけかぶりが小さかった 18 mm の箇所を除くと，他の箇所の塩化物イオン量は 0.24 〜 0.93 kg/m^3 の範囲にあり，評価は劣化度 D1 である。
　　なお，一箇所だけかぶりが小さかった 18 mm の調査データを重視すると，コンクリート表面から 10 〜 20 mm の距離の塩化物イオン試験結果が 4.06 kg/m^3 なので，評価は劣化度 B となる。
- 劣化原因として中性化に着目すると，はつり調査箇所での中性化深さの平均値が 4 mm であるのに対し，鉄筋のかぶりが 18 〜 39 m で中性化残りは 14 〜 35 mm である。劣化度 D1 と評価される。
- 劣化原因が塩害・中性化の場合ともに，劣化度が D1 であったので，劣化原因ごとの劣化の程度は劣化度 D1 と判定される。
- 構造物の変状の程度を併せて考えても，旧芦川橋 G1 桁中央部の劣化度は D1 と判定される。

付属資料

[注] 旧芦川橋 G1 桁には，はつり調査の結果，鉄筋端部のフック等で一部かぶりが小さい箇所があり(非破壊試験では検出できなかった)，このような場所では腐食が生じていた。今後も，塩化物イオンの侵入・内部への移動が続くと，塩害により鉄筋が発生する可能性もあるものと診断される。

例3　旧芦川橋 A1 橋台
＜定期点検＞

構造物の地域区分は「厳しい」であるので，**Ⅱ．定期点検　図解-3.3**(p.29)に従って判定する。
- コンクリート表面の変状に関する評価は，表面に軽微なジャンカが見られたので，劣化度"低"とした。
- 塩害に関する評価は，調査1日目の結果のみでは行うことができない。
- 鉄筋の自然電位に関する評価は，劣化度"高"(調査箇所全面)である。
- 中性化に関する評価は，平均中性化深さが 19 mm であるのに対し，鉄筋のかぶりは 97 〜 126 mm で中性化残りは 78 mm 以上ある。劣化度"無"と判定される。
- 自然電位法の測定結果から推定される鉄筋の腐食状態が"高"であるので，詳細調査の必要があると判定される。

＜詳細調査＞

Ⅲ．詳細調査　5．健全度の総合評価(p.124)に従って判定する。
- 詳細目視調査による外観変状度は，表面に軽微なジャンカが見られた程度であったので，"Ⅳ"と判定したが，はつり調査の結果，一部に孔食による断面欠損が著しい箇所があり，鉄筋腐食度は①(大部分は③)であった。したがって，構造物の変状の程度に関する劣化度は A である。
- 劣化原因として塩害に着目すると，鉄筋位置での塩化物イオン量は 1.84 〜 3.55 kg/m^3 の範囲にあり，劣化度 B と判定される。
- 劣化原因として中性化に着目すると，はつり調査箇所での中性化深さの平均値は 37 mm であったが，一部に中性化深さが 94 mm と非常に大きい箇所があった。これはコンクリート表面が軽微なジャンカのように見えた箇所で，粗骨材が集中していたためと考えられる。目視調査では同様なジャンカ箇所が複数あ

ったので，このように中性化深さが大きい箇所が他にも存在することもありうる。したがって，中性化深さ 94 mm と鉄筋のかぶり 82 〜 109 mm をもとに，劣化度 B と判定される。
・劣化原因が塩害・中性化の場合ともに，劣化度が B であったので，劣化原因ごとの劣化の程度は劣化度 B と判定される。
・構造物の変状の程度を併せて考えると，旧芦川橋 A1 橋台の劣化度は A と判定される。

>［注］旧芦川橋 A1 橋台は，詳細目視調査では内部の鉄筋が腐食しているような兆候は認められなかったが，自然電位の測定結果や塩化物イオンの試験等から，構造物中の鉄筋が腐食しているものと予測された。実際にはつりだした鉄筋の一部にも，塩害による孔食が見られた。ただし，当該構造物が橋台であることや，断面欠損が見られた鉄筋が配力筋の一部であることから，すぐに構造物の耐荷力等に問題が生じるような状態ではなかった。

診断結果例のまとめ

既往の調査結果から，劣化の進行程度が異なる実構造物における健全度診断結果の例を示した。これらの事例に関しては，**Ⅱ. 定期点検**，**Ⅲ. 詳細調査**で構造物内部の鉄筋の腐食状態をおおむね妥当に評価することができた。

付属資料

付属資料-7　各種調査に必要な時間について

　調査計画の策定等の参考のため，各種の調査に要する時間について整理し，**資表-7．1**に示す。表中の所要時間は，足場等の条件が良い環境で実構造物等の測定を行った結果からとりまとめたもので，現場での測定作業を開始してから終了するまでの平均的な時間である。測定機器の運搬等の準備作業や測定後のデータ整理等は含まれていない。

　調査に要する時間は，調査箇所の作業性や天候等により大きく変わる可能性があるので注意されたい。

資表-7．1　これまでの構造物調査事例

項　目	人数	所要時間	備　考
反発度法 (コンクリートの強度推定)	1名	5～10分/箇所	
鉄筋位置・かぶりの測定	1～2名	10～60分/m²	・配筋の規則性やかぶりの大きさにより異なる。
自然電位法 (ローラー型電極)	2名	40分/m²	・鉄筋のはつりだしに要する時間は含まない。 ・30分程度吸水させ，10分程度で測定。
自然電位法 分極抵抗法 電気抵抗 (円形電極)	2名	60～100分/m² (10点/m²程度)	・鉄筋のはつりだしに要する時間は含まない。 ・30分程度吸水させ，30～70分程度で測定。 ・自然電位，分極抵抗，電気抵抗を同時に測定した場合の所要時間である。所要時間は分極抵抗の測定に要する時間で決まる。 ・装置によっては，分極抵抗の測定時間長を変更できる。
浮き・剥離箇所調査 (サーモグラフィー法)	1名	10分/10 m²	・広い範囲を一度に撮影できるので，所要時間は必ずしも調査面積に比例しない。
小径コアの採取	1名	10分/本	・1本のコア試料から，複数の圧縮強度試験用試料を作製することも可能。
ドリル削孔による塩化物イオンの試験試料の採取	1～2本	30～60分/箇所	・深さ方向に試料程度採取した場合の目安。 ・一人でも採取できるような装置を付けたドリルも市販されている。
はつり調査	4名	半日～1日/m²	・コンクリート強度やかぶりによって大きく異なる。 ・2名ずつ交代で作業した場合。
電気抵抗 (4点電極法)	1～2名	5分/箇所	・本マニュアルには含まれていない調査項目である。
含水率	1名	3分/箇所	・本マニュアルには含まれていない調査項目である。
透気係数	1名	20～30分/箇所	・本マニュアルには含まれていない調査項目である。

付属資料8　試料の採取が限られた場合の調査方法について

　本マニュアルでは，劣化の早期発見を目的としてすべてのコンクリート構造物を対象に行う定期点検と健全度診断および劣化の将来予測を目的として劣化の兆候が見られるコンクリート構造物を対象に行う詳細調査について記述した。しかし，維持管理の現場では，本マニュアルで想定した定期点検・詳細調査により調査を実施することが適当でない場合がある。

　例えば，日常点検で軽微な変状や劣化の兆候が確認された場合，構造物の重要度や周辺環境によっては，定期点検→詳細調査のフローに従わず，これらの中間的な調査を行うことが合理的である場合も考えられる。また，詳細調査を実施する際に，現場の状況（配筋状況や足場の条件等）や種々の理由から，**Ⅲ. 詳細調査**に示した調査項目・調査数量のとおりに調査を実施することが困難で，調査数量を減じて行うことが合理的な場合も考えられる。

　そこで，ここでは，本マニュアルの調査方法を応用して，構造物に対する非破壊試験等を併用し，限られた試料から劣化原因の推定と今後の劣化予測を行うための資料を収集する一例を示した。各例題の変状は**資写真-2 ～ 9**に示してあるので，これを参照されたい。

　この資料を参考に調査を計画・実施する場合には，以下の点に留意して行うこととする。

- 同一構造物であっても個々の場所で劣化原因や劣化の進行速度が異なることも多いので，限られた試料より構造物の調査・診断を行う場合は，資料調査（竣工年・周辺環境等）や詳細目視調査の結果を踏まえ，調査数量・コア採取位置や調査場所を決定する必要がある。
- 調査数量の削減は構造物に与える影響を低減できるものの，いたずらに調査数量を減らすことは調査結果の精度を落とすこととなり，ひいては詳細調査を実施した目的である現状の把握と今後の劣化予測を行うに十分な資料を得ることができなくなることとなりかねない。よって，調査数量は各現場の状況に合わせて慎重に検討する必要がある。

付属資料

例題1
　調査対象の構造物は，四国地方の都市部に位置する跨線橋で，1960年代後半に竣工した1径間単純RC箱桁橋である。
　資写真-2，3に示したように，橋台竪壁には，主鉄筋方向に伸びた0.1～0.2mm程度のひび割れがエフロレッセンスの発生により確認できた。工事記録によると，橋台には瀬戸内海産の海砂が使用されており，前回の定期点検ではこのひび割れは確認されていない。外観調査による定期点検中ではあるが，コアを採取して損傷の形態を特定することとした。

---

(1) 推定した劣化原因

主原因：塩害(もしくは中性化)

塩害の推定根拠⇒
・本橋梁は，『コンクリートの塩化物総量規制』(1986)が通達される以前の構造物である。
・海砂の使用により塩化物イオンは，練り混ぜ当初からコンクリート内に多量に混入していたと思われる。

中性化の推定根拠⇒
・橋梁の下部工は，一般にかぶりが厚く，中性化による劣化は考え難い。しかし，以下に示す場合には中性化による劣化の可能性も考えられる。
　① 配筋ミスによるかぶり不足や，ジャンカ等のかぶりコンクリートの欠陥がある場合。
　② 塩害との複合劣化の場合。

(2) 調査項目

(1)で推定した劣化原因に対し，必要な調査項目を**資表-8.1**に示す。

(3) 調査方法

(2)で調査の重要性が高かった調査項目について，調査手順を以下に示す。
● 調査位置の選定および調査数量
　① 調査位置は，ひび割れ付近の健全部とする。
　② 試料は標準コア(ϕ 100 mm)を1本とする。

付属資料-8 試料の採取が限られた場合の調査方法について

資表-8.1 推定した劣化原因に対する調査項目

詳細調査項目	調査の重要性	コアの調査項目	非破壊試験による調査		備考
			調査項目	調査方法	
はつり調査	○				
自然電位法による鉄筋腐食状況の調査	○		○	自然電位法	はつり調査により鉄筋の腐食状況を確認する場合は行わない。
塩化物イオンの試験	◎	○			
中性化深さ測定	◎	○			はつり調査により中性化深さを確認する場合は行わない。
鉄筋位置・かぶりの測定	◎		○	電磁誘導法 電磁波反射法	
圧縮強度・静弾性係数試験	○	○	○	反発度法	

◎：実施しなければならない調査　　○：実施することにより有用なデータが得られる調査

= ポイント =
- 今回のケースでは，鉄筋位置での塩分量や中性化残り（かぶりと中性化深さの差）を測定することが重要である。したがって，コアは鉄筋位置付近まで採取する。

● 非破壊試験による調査

試料採取付近の鉄筋位置やかぶりを電磁誘導法や電磁波反射法で測定する。

= ポイント =
- コアを採取する場合，鉄筋を傷つけないように，電磁誘導法または電磁波反射法を用いて鉄筋位置を推定しなければならない。
- 対象構造物が橋台であるため鉄筋間隔はあまり狭くないと考えられる。しかし，設計図や非破壊試験で測定した鉄筋間隔の結果が 125 mm や 150 mm の場合には，コアの寸法や調査方法を見直す必要がある。
- 自然電位法による鉄筋腐食状況の調査や反発度法によるコンクリートの強度推定を行ってもよい。

● コアによる調査
① コア（ϕ 100 mm × 100 mm）を採取する。
② 供試体を割裂し，割裂面で中性化深さを測定する。
③ 鉄筋が配筋されていた深さ付近から塩化物イオンの試験に用いる試料をとる。
④ ③の試料を粉砕し，塩化物イオンの試験を行う。

付属資料

= ポイント =
・なお，深度方向に5試料程度を採取し塩化物イオンの試験を行うことで，コンクリート中の塩分分布を求めることができ，劣化予測に有用である。

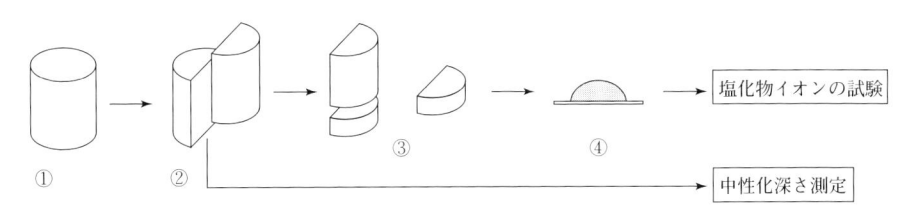

①　→　②　→　③　→　④　→　塩化物イオンの試験
　　　　　　　　　　　　　　　→　中性化深さ測定

資図-8.1　調査の流れ

例題2

調査対象の構造物は，北陸地方で海岸線までの距離が100 m程度の海岸部に位置する河川橋で，1970年代後半に竣工した2径間単純ポストテンションT桁橋である。

資写真-4，5に示したように，下フランジにPC鋼材に沿った0.2 mm程度のひび割れが確認できた。また，ウエブに0.1 mm以下のマップ状のひび割れが確認できた。工事記録によると，近隣の複数の構造物は同一河川の骨材を使用しており，同様の変状が見受けられた。また，10年前に実施された前回の定期点検でのドリル削孔粉による塩化物イオンの試験を行った結果では，塩化物イオン量はおおむね0.15 kg/m^{3}程度であった。

下フランジは，PC鋼材や鉄筋が密に配筋されており，標準コアの採取は難しい。

---

(1) 推定した劣化原因

主原因：アルカリ骨材反応(もしくは塩害)

アルカリ骨材反応の推定根拠⇒

・本橋梁は，『アルカリ骨材反応暫定対策について』(1986)が通達される以前の構造物である。
・アルカリ骨材反応特有のひび割れが確認できる。
・近隣の構造物でも同様の変状が生じている。

・北陸地方は，特にアルカリ骨材反応が多く報告された地域でもある。

塩害の推定根拠⇒

・本橋梁は，塩害地域に位置するため飛来塩分による塩害も考えられる。しかし，前回の定期点検では鉄筋位置での塩化物イオン量は少なく，すぐに塩害が生じるとは考えにくい状況であった。

(2) 調査項目

(1)で推定した劣化原因に対し，必要な調査項目を**資表-8.2**に示す。

資表-8.2　推定した劣化原因に対する調査項目

詳細調査項目	調査の重要性	コアの調査項目	非破壊試験による調査		備考
			調査項目	調査方法	
はつり調査	○				
自然電位法による鉄筋腐食状況の調査	○		○	自然電位法	はつり調査により鉄筋の腐食状況を確認する場合は行わない。
塩化物イオンの試験	◎	○			
中性化深さ測定	○	○			はつり調査により中性化深さを確認する場合は行わない。
鉄筋位置・かぶりの測定	◎		○	電磁誘導法 電磁波反射法	
圧縮強度・静弾性係数試験	○	○			
アルカリ骨材反応関連試験	◎	○		膨張量試験	

◎：実施しなければならない調査　　○：実施することにより有用なデータが得られる調査

(3) 点検・調査方法

(2)で調査の重要性が高かった調査項目について，調査手順を以下に示す。

● 調査位置の選定および調査数量

　① 調査位置はウェブおよび下フランジとする。

　② 試料は小径コア(ϕ 50 mm)とする。

　＝ポイント＝

・橋梁上部構造はPC鋼材や鉄筋が密に配置されているので，標準コアの採取は難しい。

付属資料

● 非破壊試験による調査

試料採取付近の鉄筋位置やかぶりを電磁誘導法や電磁波反射法で測定する。

= ポイント =

・対象構造物が橋梁上部構造であるため，鉄筋間隔はかなり狭いと考えられる。設計図や非破壊試験で測定した結果を考慮のうえ，調査箇所を選定する必要がある。また，コアを採取する場合，鉄筋を傷つけないように電磁誘導法または電磁波反射法を用いて鉄筋位置を推定しなければならない。

・自然電位法による鉄筋腐食状況の調査を行ってもよい。

● コアによる調査

① 残存膨張量試験用として小径コア（ϕ 50 mm × 200 mm 程度）を，圧縮強度・静弾性係数試験用として小径コア（直径，長さは構造物の寸法や配筋状況から検討）を採取する。

② 採取したコアの側面で，中性化深さの測定を行う。

③ 長さ 200 mm 程度で採取したコアは深さ方向で分割し，表層部では塩化物イオンの試験を行う。

④ 内部のコア試料を用いて膨張量試験を行う。

⑤ 他の小径コアを用いて圧縮強度・静弾性係数試験を行う（4 試料以上用意するのが望ましい）。

= ポイント =

・残存膨張量試験は，表面部より構造物内部の試料を用いることが望ましい。

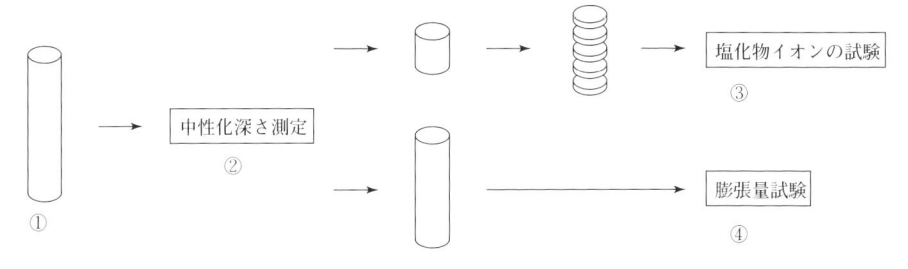

資図-8.2 調査の流れ（膨張量試験を実施するコア）

> **例題3**
> 　調査対象の構造物は，東北地方の山間部に位置し，県道をアンダーパスする全長20 mの2連ボックスカルバートで，1980年代後半に竣工している。
> 　**資写真-6，7**に示したように，南面の抗口付近は，スケーリングやコンクリートの剥離・剥落，漏水が確認できた。
> 　竣工後約5年で重交通を含む交通車両が増加し，冬季には凍結防止剤が頻繁に使用されるようになっている。また，以前に定期点検を実施した記録は無く，今回の定期点検でフルオレセイン法により塩化物イオン浸透深さを10箇所測定したところ，南面の抗口付近は78 mmで，その他は10〜12 mmであった。そこで，詳細調査を実施し，特に劣化が進行している南面の呑口付近の劣化原因を特定することとした。

（1）推定した劣化原因
主原因：凍害，もしくは塩害
凍害の推定根拠⇒
・本構造物は，東北地方の山間部に位置する。
・スケーリング等，凍害特有の劣化が見られる。
・凍害は，凍結融解作用の繰り返しが多くなる南面で著しくなりやすい。
塩害の推定根拠⇒
・冬季には凍結防止剤が頻繁に使用されている。
・フルオレセイン法で塩化物イオン量を測定した結果，損傷が著しい呑口部で，塩化物イオンの浸透深さが深い。

（2）調査項目
（1）で推定した劣化原因に対し，必要な調査項目を**資表-8.3**に示す。

（3）点検・調査方法
（2）で調査の重要性が高かった調査項目について，調査手順を以下に示す。
● 調査位置の選定および調査数量
　① 調査位置は塩化物イオンの浸透深さが大きかった南面呑口付近とする。
　② 試料は標準コア（ϕ 100 mm）を1本とする。
● 非破壊試験による調査

付属資料

資表-8.3 推定した劣化原因に対する調査項目

詳細調査項目	調査の重要性	コアの調査項目	非破壊試験による調査		備考
			調査項目	調査方法	
はつり調査	○				
自然電位法による鉄筋腐食状況の調査	◎		○	自然電位法	はつり調査により鉄筋の腐食状況を確認する場合は行わない。
塩化物イオンの試験	◎	○			
中性化深さ測定	○	○			はつり調査により中性化深さを確認する場合は行わない。
鉄筋位置・かぶりの測定	◎	○	○	電磁誘導法 電磁波反射法	
圧縮強度・静弾性係数試験	◎	○			
凍害関連試験	◎	○			

◎：実施しなければならない調査　　○：実施することにより有用なデータが得られる調査

① 調査位置周辺と健全部等を目視で観察し，その比較から凍害による影響の深さを推定する。
② 試料採取位置付近の鉄筋位置やかぶりを電磁誘導法または電磁波反射法を用いて測定する。
③ 鉄筋の腐食状況を自然電位法により測定する。
＝ポイント＝
・コアを採取する場合，鉄筋を傷つけないように，電磁誘導法または電磁波反射法を用いて鉄筋位置を推定しなければならない。
・凍害は，コンクリートの品質・水分供給の程度・日照等の条件の組合せによりその劣化程度が異なる。そこで，自然電位法の測定を行って鉄筋が腐食している可能性が高い範囲を調べるのもよい。

● コアによる調査
① コア（φ100 mm × 150 mm 程度）を採取する。
② 採取したコアの側面で中性化深さの測定を行う。
③ コアの切断面で凍害による劣化の有無を観察する。
④ コアを深さ方向で分割し，塩化物イオンの試験を行う。
＝ポイント＝
・深度方向に5試料程度の試料を取って塩化物イオンの試験を行うことにより，

劣化予測に有用なデータが得られる。
・本構造物は，現行の活荷重(250 KN)に改訂される前の構造物で，供用中の使用状況が変化していることから，今回の点検・調査に合わせて構造物の耐力の照査を行うことが望ましい。

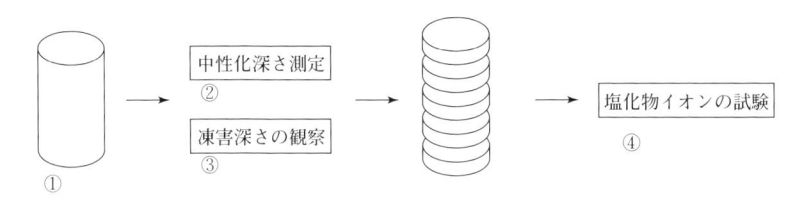

資図-8.3　調査の流れ

> **例題4**
>
> 　調査対象の構造物は，東海地方の工場地帯に位置し，1990年代前半に竣工した高さ2mの擁壁で，背後地にはメッキ工場がある。
>
> **資写真-8，9**に示したように，コンクリート表面はペースト分が洗い流され，骨材が露出し，その一部は欠落している。また，コンクリート表面全域にわたり幅0.1 mm以下のひび割れが確認できた。工事記録はなく，これが初めての定期点検であり，資料調査・目視調査からは劣化原因を推定することは困難であった。変状が軽微であるため，劣化原因の特定と劣化予測を行うための資料を得る目的で，標準コアを1本採取し調査することとした。

(1) 推定した劣化原因

主原因：その他の劣化（化学的侵食）

その他の劣化の推定根拠⇒
・化学的侵食は，一般環境下で問題になることは少ないが，下水道関連施設・温泉地・工場地帯等の特殊環境下にある構造物で見られる場合がある。

(2) 調査項目

(1)で推定した劣化原因に対し，必要な調査項目を**資表-8.4**に示す。

付属資料

資表-8.4 推定した劣化原因に対する調査項目

詳細調査項目	調査の重要性	コアの調査項目	非破壊試験による調査		備考
			調査項目	調査方法	
はつり調査	○				
自然電位法による鉄筋腐食状況の調査	◎		○	自然電位法	はつり調査により鉄筋の腐食状況を確認する場合は行わない。
塩化物イオンの試験	◎	○			
中性化深さ測定	○	○			はつり調査により中性化深さを確認する場合は行わない。
鉄筋位置・かぶりの測定	◎		○	電磁誘導法 電磁波反射法	
圧縮強度・静弾性係数試験	○	○			
劣化因子の浸透深さ測定	◎	○			
コンクリートの組織観察	○	○			

◎：実施しなければならない調査　　○：実施することにより有用なデータが得られる調査

(3) 点検・調査方法

(2)で調査の重要性が高かった調査項目について，調査手順を以下に示す。

- 調査位置の選定および調査数量

  試料は，貫通コア(ϕ 100 mm)を1本とする。

  = ポイント =

  ・擁壁は，部材厚が薄く，擁壁背面からの侵食がコンクリート表面にも影響を及ぼしている場合も考えられるため，貫通コアを採取し，構造物の表面と背面の両側について損傷形態を特定するための試験調査を行うことが望ましい。

- 非破壊試験による調査

  ① 試料採取位置付近の鉄筋位置やかぶりを電磁誘導法または電磁波反射法を用いて測定する。

  = ポイント =

  ・コアを採取する場合，鉄筋を傷つけないように電磁誘導法または電磁波反射法を用いて鉄筋位置を推定しなければならない。

- コアによる調査

  ① 貫通コア(ϕ 100 mm × 400 mm 程度)を採取する。

② コアを深さ方向に3分割する。
③ 表層部の供試体を割裂し，中性化深さ・劣化因子浸透深さの測定を行い，コンクリートの組成を観察する。
④ ③の試料を用いて，化学分析を行う。
⑤ 内部の供試体で圧縮強度・静弾性係数を測定する。

= ポイント =
・劣化因子を特定するために，地下水・土壌の成分分析や劣化因子を含む溶液のpH濃度測定は有用である。

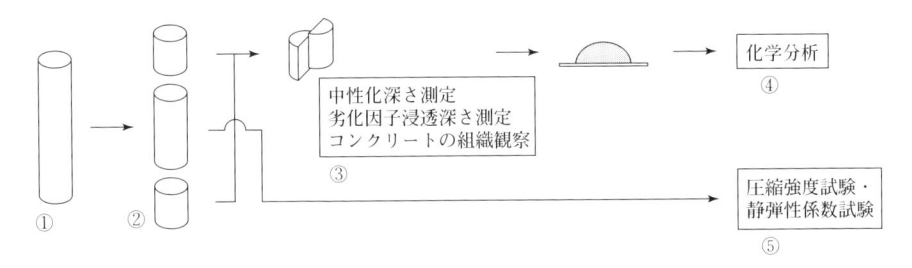

資図-8.4 調査の流れ

土木研究所共同研究「コンクリート構造物の鉄筋腐食診断技術に関する共同研究」

参加者名簿

独立行政法人 土木研究所 　　河野　広隆
　（構造物マネジメント技術チーム）　渡辺　博志
　　　　　　　　　　　　　　　久田　　真
　　　　　　　　　　　　　　　田中　良樹[※1]
　　　　　　　　　　　　　　　古賀　裕久
　　　　　　　　　　　　　　　野田　一弘
　　　　　　　　　　　　　　　田中　秀治
　　　　　　　　　　　　　　　※1　2002年3月まで

日本構造物診断技術協会(五十音順)
　　副会長　　　　　　飯野　忠雄　[川田建設㈱]
　　理事・技術委員長　松村　英樹　[新構造技術㈱]
　　技術委員会 副会長　内田　　明　[前田建設工業㈱]
　　技術委員会 副会長　竹田　哲夫　[鹿島建設㈱]
　　研究委員　　　　　秋山　　暉　[カジマ・リノベイト㈱]
　　　　　　　　　　　井川　一弘　[㈱ナカボーテック]
　　　　　　　　　　　石井　和夫　[川田建設㈱]
　　　　　　　　　　　石本　義將　[㈱東横エルメス]
　　　　　　　　　　　伊藤　祐二　[㈱フジタ]
　　　　　　　　　　　猪八重　由之　[新構造技術㈱]
　　　　　　　　　　　今尾　勝治　[㈱安部工業所]
　　　　　　　　　　　上岡　誠一　[ライト工業㈱]
　　　　　　　　　　　遠藤　友紀雄[※2]　[昭和コンクリート工業㈱]
　　　　　　　　　　　尾之内　和久　[清水建設㈱]
　　　　　　　　　　　笠井　和弘　[飛島建設㈱]
　　　　　　　　　　　川崎　克己　[㈱ベネコス]
　　　　　　　　　　　北園　英明　[㈱安部工業所]
　　　　　　　　　　　黒岩　和彦　[大成基礎設計㈱]

研究委員	込山 貴仁	[㈱コンステック]
	酒井 徳久	[オリエンタル建設㈱]
	坂井　渉	[横河工事㈱]
	柴田 浩司	[富士物産㈱]
	鈴木　透	[松尾エンジニヤリング㈱]
	鈴木 宏信	[㈱中研コンサルタント]
	瀬川 祐司	[日本データサービス㈱]
	瀬野 康弘	[東急建設㈱]
	髙橋　功	[川田建設㈱]
	谷岡 洋一	[三信建設工業㈱]
	新谷　毅	[リテックエンジニアリング㈱]
	野永 健二	[㈱錢高組]
	福田　暁	[㈱千代田コンサルタント]
	藤原 貴央	[富士物産㈱]
	毎田 敏郎	[大成基礎設計㈱]
	峰村 富夫	[富士物産㈱]
	森　二三人	[昭和コンクリート工業㈱]
	森　正嗣	[㈱錢高組]
	安田 敏夫	[㈱大林組]
	吉田 光秀	[㈱富士ピー・エス]
	渡辺　寛	[㈱ピーエス三菱]
	綿貫 輝彦	[太平洋マテリアル㈱]

※2　2002年9月まで

索　引

【あ】
圧縮強度　114, 115
アルカリ骨材反応
　　——に関する試験　118
　　——に特徴的なひび割れパターン　84
　　——による劣化事例　90〜93

【う】
浮き　8, 9

【え】
SCE（飽和カロメル電極）　41
X線法　40, 58, 161
塩害による劣化事例　86〜88
塩化物イオン
　　——，将来予測　109
　　——の分布　107
　　——の見掛けの拡散係数　108

【お】
温水抽出塩化物イオン　107

【か】
外観変状度　76
海砂　81
かぶり　8
可溶性塩化物イオン　48, 107
簡易塩分測定器法　47
岩種判定　118

【こ】
コンクリートの比誘電率　57, 164

【さ】
材齢係数　63, 185, 194
サーモグラフィー法　37

【し】
CSE（飽和硫酸銅電極）　41
自然電位法　41
シュミットハンマー　9
小径コア　8
　　——の圧縮強度試験　64
詳細調査　4, 69
初期塩分量　21
シリカゲル　118

【せ】
静弾性係数　116
全塩化物イオン　47, 106

【そ】
損傷　7

【た】
第三者被害　35

【ち】
地域区分　20, 82
中性化
　　——による劣化事例　89, 90

索　引

――の進行予測　54
中性化残り　8,52
中性化速度係数　54,55

【て】
定期点検　3,15
　　――における点検項目　19
　　――の実施間隔　18
テストアンビル　60
　　――,低反発度型　183
テストハンマー　9
電磁波反射法　56,163
電磁誘導法　56,161

【と】
凍害による劣化事例　93,94
ドリル削孔粉　44,47,52

【は】
破壊試験　7
剥落　8,9
剥離　8,9
反発度法　60,182,194

【ひ】
非破壊試験　7,8
ひび割れ　32,72

ひび割れ幅　32
ひび割れ深さ　38,98

【ふ】
フェノールフタレインアルコール溶液　51,109
分極抵抗法　41

【へ】
偏光顕微鏡観察　118
変状　7

【ほ】
放射線透過法　40,58,161
膨張量試験　117,118,121
飽和カロメル電極(SCE)　41
飽和硫酸銅電極(CSE)　41
ポップアウト　84

【や】
ヤング係数　116

【り】
リバウンドハンマー　8,9,60

【れ】
レーダー法　40,56,163
劣化　7

非破壊試験を用いた土木コンクリート構造物の健全度診断マニュアル

定価はカバーに表示してあります.

2003年10月24日	1版1刷 発行
2010年 6月10日	1版4刷 発行

ISBN978-4-7655-1658-7 C3051

編集者　独立行政法人土木研究所
　　　　日本構造物診断技術協会

発行者　長　　滋　　彦

発行所　技報堂出版株式会社

〒101-0051
東京都千代田区神田神保町1-2-5
電　話　営業　(03) (5217) 0885
　　　　編集　(03) (5217) 0881
Ｆ Ａ Ｘ　　　(03) (5217) 0886
振 替 口 座　　00140-4-10
http://gihodobooks.jp/

日本書籍出版協会会員
自然科学書協会会員
工 学 書 協 会 会 員
土木・建築書協会会員

Printed in Japan

Ⓒ Public Works Research Institute, and Nippon Structural Inspection and Technology Association

装幀　セイビ／印刷・製本　三美印刷

落丁・乱丁はお取替えいたします.
本書の無断複写は，著作権法上での例外を除き，禁じられています.

普通エコセメントを鉄筋コンクリート材料として利用する基本的事項を集約!!

エコセメントコンクリート利用技術マニュアル

独立行政法人 土木研究所 編著

A5判・総118頁（うちカラー15頁）　　本体価格2,000円（消費税抜き）
2003年3月発行　　ISBN4-7655-1648-2

---------「序」より---------

（前略）　都市ごみ焼却灰と下水汚泥等の生活廃棄物を主原料として製造される環境負荷低減型セメント（エコセメント）の製造工程では，1,300℃以上の高温での焼成により焼却灰に含まれるダイオキシン類は分解されるとともに，重金属の一部は塩化物として揮散，回収されます。（中略）

平成12年1月には，『廃棄物の処理及び清掃に関する法律』上の特別管理一般廃棄物に当たる都市ごみ焼却灰の処理方法として，溶融処理とともに焼成処理が明記されました。さらに，平成14年7月には，JIS R 5214「エコセメント」が制定されています。（中略）エコセメントを建設資材として積極的に活用することにより，資源循環型社会の形成に寄与できるものと期待されます。（後略）

［目次］　1.総則／2.エコセメントコンクリートの品質／3.材料／4.配合／5.製造／6.レディーミクストコンクリート／7.施工／8.品質管理および検査／9.設計に関する一般事項／10.寒中コンクリート／11.暑中コンクリート／12.工場製品／参考資料1.普通エコセメントの試験成績表例／参考資料2.エコセメントコンクリートの適用例／参考資料3.エコセメントの製造工程

技報堂出版　│ TEL 編集 03(5217)0881　営業 03(5217)0885　FAX 03(5217)0886